蜜蜂眼中的
花花世界

徐凤侠

吴宝俊◎主编

科学出版社

·北京·

内 容 简 介

花与我们的生活密不可分,一方面,花产生的种子和果实能满足日常生活中的基本需求;另一方面,颜色和形态多样的花也能为我们带来精神上的愉悦。对人类来说如此,对蜜蜂来说亦如此。

描述花的特征都是从人类视角总结的,那人类视角与蜜蜂的视角相同吗?答案是否定的。本书通过模拟蜜蜂的复眼视界,运用紫外线成像照片,展现蜜蜂眼中的花花世界,并对蜜蜂的生命结构进行分析,了解蜜蜂与花朵的关系。

图书在版编目(CIP)数据

蜜蜂眼中的花花世界 / 徐凤侠,吴宝俊主编 . -- 北京:科学出版社,2021.3
ISBN 978-7-03-068086-0

I. ①蜜… II. ①徐…②吴… III. ①蜜蜂-复眼-研究 IV. ① Q969.557.7

中国版本图书馆 CIP 数据核字(2021)第 030499 号

责任编辑:王亚萍 / 责任校对:杨 然
责任印制:师艳茹 / 整体设计:楠竹文化

科 学 出 版 社 出版
北京东黄城根北街 16 号
邮政编码:100717
http://www.sciencep.com
北京汇瑞嘉合文化发展有限公司 印刷
科学出版社发行 各地新华书店经销

*

2021 年 3 月第 一 版 开本:880×1230 1/32
2021 年 3 月第一次印刷 印张:5
字数:140 000
定价:42.00 元

(如有印装质量问题,我社负责调换)

编委会成员

主　编：徐凤侠　吴宝俊

副主编：舒庆艳　葛雨萱

　　本书中部分图片由相关研究者提供，在此谨向刘永刚、朱旭龙、欧阳海波、袁耀武、王桐芳等人致以谢意！

序

花与我们的生活密不可分。一方面，植物开花后产生的种子和果实能满足日常生活中的基本需求，如水稻、小麦、玉米、高粱等是我们的主要粮食来源，而各种水果则为我们的饮食提供了更加丰富的选择。另一方面，各种颜色和形态多样的花又能为我们带来精神层面的愉悦感。例如，在日常生活中，花卉是一种常见的赠予礼品，而不同的花卉通常也被赠花者赋予不同的含义，即花语。这些都是在日常生活中，我们与花形成的各种关系。然而，对植物来说，花最重要的作用就是完成花粉的传递并到达柱

绣线菊

头，最终产生果实（种子）。

由于植物的生长特性，完成授粉并最终形成种子需要媒介的协助，自然界中约有 90% 的开花植物需要通过媒介才能完成传粉并最终形成种子。传粉媒介种类多样，但主要分为非生物媒介和生物媒介两大类。非生物媒介主要包括风媒、水媒等。其中，风媒的比例较高，约18%的被子植物[①]中都存在风媒传粉的现象，裸子植物[②]主要也是通过风媒传粉产生种子。而生物媒介的种类非常丰富，包括哺乳类（如蝙蝠、松鼠）、鸟类、昆虫类等动物。其中，昆虫类动物最多，是传粉的"主力军"，如蜂、蛾、蝶、甲虫和蚂蚁等。而蜂类昆虫（如蜜蜂、熊蜂等）又是世界上最重要的传粉媒介之一。

传粉者对花的访问能协助花完成花粉传递，而传粉者却是为了获得"报酬"（如花蜜、花粉等）。在这一过程中，对于传粉者来讲，完成花粉传递仅仅是传粉者访问花的一个"副产品"，但这一"副产品"对植物来说是至关重要的。因此，植物首先需要吸引传粉者，然后"指引"传粉者获得报酬，并在这一过程中完成花粉传递。由于不同传粉者对花的偏好不同，人们依据植物的花的特征总结出不同昆虫乐于传粉的花的特征，即"传粉综合征"的概念。

传粉综合征是植物为适应各种传粉媒介而进化出的花部特征组合。例如，鸟类传粉的花通常为红色，花蜜产量大，但浓度较

---

① 被子植物又称有花植物，具有根、茎、叶、花、果实和种子六种器官。

② 裸子植物是种子植物的一群，能产生种子，但胚珠和种子裸露不形成果实，没有被子植物生殖器官"花"的构造，绝大多数是多年生木本植物。

低，而且这些花通常没有气味；蜂类传粉的花一般具有明亮的颜色，经常为黄色或蓝色，红色相对较少；蝶类传粉的花大多在白天开放，产生较多花蜜，具有细长的花管（常有含蜜的距或窝），花色以红色为主；蛾类传粉的花通常在夜间开放，而且香味浓郁，花冠筒①又长又窄，颜色通常为白色或其他浅色；蝇类传粉的花通常花色暗淡，花朵大且敞开，并具有独特的味道，甚至是难闻的气味。尽管有一些例外，但在多数情况下，依据花的特征通常能判断植物的传粉媒介主要是什么，因此经典的花部特征演化理论认为，"传粉者框定了花的演化"。

牡丹

---

① 花冠筒是指花瓣沿边缘合生成的一种中空筒状结构。

在依赖生物媒介传粉的植物中，虽然依据花的特征可以判断其传粉者是谁，但这些花的特征都是从人类视角得出的结论。那人类视角是否与生物媒介的视角相同呢?

答案是否定的。以蜜蜂为例，蜜蜂的眼睛对明亮的绿色、蓝色较敏感，并且对紫外线敏感。也就是说，蜜蜂主要对波长短的光线敏感;而对于人类而言，人的眼睛对红光、蓝光和绿光更为敏感，而人的眼睛是看不到紫外线的。因此，蜜蜂视角下的花和人类眼中的花应该是不同的。

微孔草

那蜜蜂视角下的花又是什么样的？人类如何感知蜜蜂眼中的世界呢？

我们可以利用对紫外线敏感成像的相机，通过不同的滤镜组合，就可以模拟蜜蜂眼中看到的世界，判断蜜蜂眼中的花是什么样的。

🐝 人类眼中的花朵

🐝 模拟蜜蜂眼中的花朵

在密歇根州立大学黄智勇（Zachary Huang）教授的帮助下，我们得到了一个能够透过紫外线的镜头，以及对紫外线敏感成像的相机。在此基础上，加上一个能够阻止红外线的滤镜，以避免红外线对成像干扰，然后增加一个能透过紫外线、蓝光、绿光的滤镜以最终获得三种光线下的照片，这使得我们能够展示蜜蜂眼中的花的世界。本书中的大部分照片是研究者在野外考察工作的过程中拍摄的，这一过程得到了中国科学院海北高寒草甸生态系统定位研究站和丽江森林生态系统定位研究站的支持，也得到了很多同事和研究生的帮助。室外拍摄及相关研究受到了国家自然科学基金面上项目（32071786、3147909、31071814）及厦门市科技项目（3502Z20172015）的资助。本书的出版还获得中国科学院科学传播局 2019 年度科普项目的资助，在此一并表示感谢！

目 录

蜜蜂眼中的花花世界

第 1 章

花与蜜蜂的渊源

多姿多彩的花花世界

　　地球的四季是多彩的、炫丽的。大自然中的一切，如蓝天、白云、高山、流水、森林、草地和花海，组成了我们视野中的美丽画卷。

　　这其中，花像是地球上美丽的精灵，吸引着我们的目光。不妨让我们一同见证花儿的神奇吧！

🌸 牡丹

地球上的花开是有季节依赖性的，还记得曾经学过的花名歌吗？

正月山茶满盆开，二月迎春初开放。

三月桃花红十里，四月牡丹国色香。

五月石榴红似火，六月荷花满池塘。

七月茉莉花如雪，八月桂花满枝香。

九月菊花姿百态，十月芙蓉正上妆。

冬月水仙案头供，腊月寒梅斗冰霜。

🐝 石榴花　　　　　　　　🐝 荷花

🐝 桂花　　　　　　　　🐝 菊花

🐝 扶桑

🐝 水仙

🐝 蜡梅

　　地球上的花是有地域依赖性的。起源于热带和亚热带的植物的花和生长在温带、寒带的植物的花有截然不同的个性，主要体现在色彩、气味，甚至是显著差异的"身高"。起源于温暖地区的植物，通常花型大（如黄葵、直立山牵牛等）、花量多（如艳山姜等）、气味浓烈（如飘香藤等）、花期较长（如羊蹄甲等）；而生长在日照时间短、气候较为寒冷地区的植物的花（如狼毒、节毛飞廉、苦荬菜、飞燕草、老鹳草、斜茎黄耆等），色彩略显单一、花型较小。感兴趣的读者在户外时不妨仔细观察一下不同气候、纬度中的植物的花有什么不同吧！

🐝 艳山姜

蜜蜂眼中的花花世界

飘香藤

狼毒

矢车菊

黄耆

花的结构和性别

地球上的花也有性别之分。虽然我们习惯地把美丽的姑娘比作像花朵一样，其实，花也有雌雄之分。

因为有花植物在进化的"阶梯"上出现得较晚。花为被子植物特有的生殖器官，具有花是被子植物与其他植物的主要区别之一。因此，被子植物也被叫作"有花植物"。被子植物的花的结构一般包括花柄、雌蕊和雄蕊、花冠（花瓣）、花萼（萼片）、苞片和花托，其中雄蕊由花药和花丝组成，雌蕊由柱头、花柱和子房（内有胚珠）组成。雄蕊和雌蕊是花的重要部分，因为它们与果实或种子的形成有直接关系。花萼、花冠和苞片在开花前保护花蕊，有的花不具备苞片，有的具备，如三角梅、红掌等。花托是着生花的部位，而花柄起支撑和输导作用。从花蕊的组成看，被子植物的花分为两性花和单性花。

两性花是指一朵花

🐝 百合花

中同时具有雄蕊和雌蕊，也叫完全花，如桃花、百合花。单性花
是一朵花中只有雄蕊或只有雌蕊的花。生有单性花的植物，性系
统分类较为复杂。在种群水平，达成共识的性系统有雌花两性花
同株、雌花两性花异株、雄花两性花同株、雄花两性花异株、雌
花雄花同株、雌花雄花异株。当然还有其他更多的划分方式，不
过就更加复杂了。

木鳖子的雄花，只有雄蕊，没有雌蕊

　　两性花中的雌蕊和雄蕊如果同步成熟，可以不通过风或昆虫
传粉也能传宗接代。当然这些花也乐于接受昆虫或风来"牵线"，
让它们找到一个有着更远血缘关系的"恋人"，那样它们的后

代就会有更好的优势表现。例如，依靠风力，花粉可以传播到远方，最大程度地扩张植物的资源。看，自然界中的植物也很"聪明"吧！

🐝 蓍草

🐝 假连翘

　　有一部分植物有雌花和雄花之分，但长在同一植株上，叫作雌雄同株。玉米、黄瓜的雌花与雄花分离，但生于同一根藤上，这样雌花和雄花在空间上分离，可以很好地避免植物由于自交[①]或近交繁殖而出现的生活力或适应性减退、产量降低的现象。比如，玉米的雌花和雄花长在同一植株上，雄花着生于顶端，雌花着生

---

① 自交是指同一植株上的同一朵花花粉传播到同朵花的雌蕊柱头上，或由同株的花粉传播到同株的雌蕊柱头上的受精过程。

于叶腋。

玉米的雄花和雌花，左为雄花，右为雌花

还有一些植物是雌雄异株，也就是说，雌蕊和雄蕊不仅不在同一朵花上，也不在同一株植物上，如苏铁、银杏、水杉等。这类雌雄异株植物仅占有花植物的 5%，那么这些植物在物竞天择的大自然中有何优势呢？

雄株

雌株

🐝 苏铁雄株和雌株

　　植物学家猜测，雌雄异株可以减少近亲繁殖带来的不利而增加杂交的优势，还可以回避两性间竞争，增加两性利用不同资源的能力，同时也减少那些以它们的种子为食的动物带来的生存威胁。

　　地球上的花儿是多彩的，其色彩的丰富程度令人眼花缭乱，有很多让我们意想不到的颜色。大自然中的花也是多姿的，造型、气质千姿百态，有的像喇叭，有的像星星，有的像陀螺，有的像太阳，有的像倒挂的钟，令人叹为观止。大自然为什么会进化出如此奇特又多样的花呢？我们还得继续探索。

🐝 雌雄异株的猕猴桃花，左为雌花，右为雄花

🐝 豆科鱼鳔槐   🐝 旋花科羽叶茑萝

🐝 美丽异木棉

🐝 构树

🐝 西番莲

🐝 亚麻

花与蜜蜂的生存与繁衍

　　这些来自天南海北的花就像不同肤色的人一样，有着浓郁的地域特色。如果同一种花的开花时间不同，会有什么影响吗？如果开花时间比较早的话，植物本身可能会无法积累足够的能量。我们知道植物的营养器官通过光合作用积累充分的营养，而过早开花使得前期积累不足，后期就会限制种子产出；若开花时间太晚，因生长季太短，尤其是在极端恶劣的环境中，种子可能没有足够的时间发育成熟，同样影响种子产出。有一些植物采用集中开花模式，这可能是其在长期进化过程中为适应周围气候条件及生境的一种繁殖保障。植物的开花时间合适与否对该物种的繁殖能否成功影响巨大，植物在长期的演化过程中形成对环境的适应，这种影响可以是个体水平的，也可以是种群水平上的。

🐝 初绽的牡丹

花是会对"朋友"有依赖的。若一朵花中雌蕊、雄蕊同体存在，而且同时成熟，彼此默契配合。盛花期雄蕊的花粉散在雌蕊的柱头上完成授粉，为顺利结出种子打好基础，这叫作植物的个体适合度，也是植物自给自足的一种方式。

然而这种自给自足也给植物带来繁殖代价，主要是自交引起的近交衰退①。当然，自交也有很多优势，尤其是在严酷环境下克服传粉媒介短缺的不利因素，获得繁殖保障、维持植物种群数量，直接获得亲本的优良性状等方面有着异交植物无法比拟的优势。

 太阳花　　　　　　　　　　　　🐝 蜀葵

---

① 近交衰退是指生物自交或近交后代中出现的生活力、适应性、可育性的减退现象。

🐝 密花香薷

🐝 紫菀

花儿长到该"谈婚论嫁的年龄",开始有强烈的"交友"欲望,它们的表达有时是害羞的,有时是热烈的,有时是直接的,有时是温婉的……无论哪一种,如果有另一个"朋友"牵线搭桥,也许"爱情"的脚步就会快很多。风,便是地球上早期的花最先找到的朋友,风带着花儿火热的爱恋直奔"意中人",这就是风媒花。可是,毕竟,风的准头稍差,有时会传错情。伴随着地球生命的进化,一些花儿"学会"使用一些招数寻找更"可靠的朋友"。于是,一些昆虫逐渐成为这些有独特个性和品味的花的固定"朋友",而花用香甜的花粉或花蜜"犒赏"这些"朋友",让这些昆虫能"心甘情愿"地帮花儿传递"恋情",这就是虫媒花。

风媒花是借风力完成传粉的花,风力无需太大,微风就足以散播花粉。自然界借助风力来传粉的植物约占有花植物的1/10。

风媒花具有适应风力传粉的特征，如花不大，也不鲜艳，花被[①]退化或不存在，而且一般没有香气和蜜腺[②]，花序通常比较柔软而容易被风吹动。其花粉特征也很显著，如干燥色淡、数量较多、颗粒轻而小，直径只有 0.01～0.06 毫米，花粉外壁光滑，这样便于被风吹散。能一粒粒随风散播，但到达柱头的花粉最多不过一两粒。风媒花的柱头通常会增加展示的面积以增大与空气中花粉接触的机会，如柱头的分叉数量增多，甚至呈羽毛状，伸到花被外面，这样有利于接收花粉，如核桃。还有的花具有柔软倒挂的柔荑花序[③]（如杨树），或者有先长叶后开花的现象（如桦树），有些风媒花花粉和松树花粉一样带有气囊，这些都是风媒花的一些特征。大部分禾本科植物，如玉米，以及木本植物中的栎、杨、桦树等都属于风媒植物；裸子植物则几乎全是风媒植物，如松、杉、柏、苏铁等。

与能在适当时机把充足的花粉散播到正确位置的虫媒花相比，风媒花的授粉效率要低得多。为成功地实现授粉和受精，花粉随意飞舞的风媒花也有其独特的"谋略"。风媒花常见于同种植物密集、风力充足且较为开阔的温带或寒带地区。热带地区风媒花虽少，但也不是完全没有。在热带地区，树冠高于其他树木的少数大树，风媒的阻碍较少，也能依靠风力来授粉。为避免叶子给授

① 花被是花萼和花冠的总称。
② 蜜腺是指存在于花或营养组织中的多细胞腺体，分泌含有机物的液体，常有吸引昆虫的功能。
③ 柔荑花序为无限花序的一种，花序轴柔软下垂，上面由许多无柄的单性无花被花组成，开花后雄性花序脱落，雌性花序在果实成熟后脱落，如杨树、柳树。

粉带来阻碍，温带和寒带地区的风媒花大都在还未抽叶的早春绽放。草本风媒植物大部分生长在花粉散播阻碍较少的空旷栖息地。

🐝 风媒花——泽米铁和虫媒花——假酸浆

　　而虫媒花大都具有鲜艳美丽而又显著的花被，有芳香或其他气味，甚至有的发育有蜜腺，这些都有利于吸引昆虫为之传粉。虫媒花的花粉一般又大又黏，有些表面还带有花纹，这样就很容易粘在昆虫身上。因此，虫媒花的花粉大都能够成团移动，落在另一朵花蕊柱头上的花粉一次能多达数百粒。油菜、桃、杏等的花都属于虫媒花。被子植物大多是依靠动物散播花粉的虫媒花，而被子植物中的风媒植物大都经历了由虫媒向风媒多次独立的进化转变。

　　事实上，并非所有的"拜访者"都能帮助植物传粉，有的还会破坏花儿。比如，一些大型甲虫、直翅目昆虫（如蝗虫）和一些膜翅目昆虫（蚂蚁、熊峰等），可能对花朵产生破坏作用。另

外，一些小昆虫和无脊椎动物中的食花者也可能破坏花朵。它们
往往直接去吃花蕾或花朵，不仅影响这些花潜在的繁殖输出，也
会影响植物花的展示，从而最终影响植株的整体形象，也就间接
阻止了未来传粉的可能。

🐝 被蚂蚁吃空的三角梅（蚂蚁不仅食花蜜，而且还可能咬断花蕊）

花对蜜蜂的吸引与矛盾

植物在漫长的进化之路上，与周围的环境是一边"斗争"，一边"妥协"，从早期的无需开花到有花植物，从风媒传粉为主的裸子植物到生物媒介传粉的被子植物，经历了悠长的进化岁月，其路漫漫，努力适应环境的植物在异花传粉之路上为了更高效地生存，不断"修炼"自己。

昆虫拜访花朵，并帮助传粉，不是无缘无故的，而是对植物给出的信号，如对花型、香气和颜色等做出对等的反应，而花色便是关键信号之一。

自然界中巨大的花色变异依靠的主要物质基础包括花青素、类胡萝卜素、甜菜色素等次生代谢物在植物中的积累，这赋予植物的生殖器官——花朵一种与众不同的亮丽色彩，对昆虫产生强烈的吸引力。这些色素的形成在植物体内有一套完整、独立的基因体系来调控色素的合成及合成时间和位置。

例如，合成这些色素的基因在植物还是种子的时候就存在于植物体内，但它们一直处于沉睡状态，而当植物长到花期，这些基因被唤醒，开始真正发挥作用，就在特定的花期、特定位置的花瓣上积累大量的色素，而且这些色素不是简单的一种，而是一大类，包括很多种。

据科学家推测，花朵的特定颜色对应着传粉者的传粉偏好，花朵的色素分布模式已经演化为与每种传粉者的视觉系统相匹配，猴面花的进化可以很好地揭示花色变异对传粉者偏好的影响。偏

父本

子代

母本

子代

🐝 猴面花

粉色猴面花的主要传粉媒介是大黄蜂，偏红色猴面花的主要传粉媒介是蜂鸟。这两者的杂交后代由于杂交带来的单个基因的渗入，使黄色的类胡萝卜素出现或消失。结果，当花瓣中类胡萝卜素含量增加时，会减少80%蜜蜂的访问量；然而增加类胡萝卜素含量可以增加2倍的蜂鸟访问量。再比如，花青素合成途径中某一个基因突变后，花色从蓝紫色变成橘红色可能有助于授粉者从蜂类转变为蜂鸟授粉。传粉者偏好的影响有助于花进化并促使生殖隔离。因此，植物适应或生殖隔离可能需要一些特定的基因参与。

除了花冠颜色变化外，许多开花植物在繁衍过程中出现了花冠色素分布模式改变的情况，包括出现在花冠之间、苞片、雄蕊或雄蕊群上的颜色变异，但常见的主要是由于花冠中的细胞不同的着色模式，而产生条纹、斑点、斑块等混合性状。

关于色素分布的功能有各种假设，主要是作为花部指引。常见的假设认为，模拟花粉、花药、雄蕊、雄蕊群等可以吸引传粉者访问花或为授粉者提供花粉和花蜜指引（后文中亦称"蜜引"）的路径。花部指引对于一些物种是至关重要的，尤其是对对称花而言（如兰科、豆科、蝶形花科和车前草科等植物），因为花蕊需要为传粉者提供特定的停留位置或是因为花蕊藏在花管深处难以被发现。例如，金鱼草等黄色的花部指引可以弥补花药和花粉包裹在花朵里而不易被看到的缺陷，黄色区域指示驻足区域，条纹提供了花蜜指引；鸢尾花的黄色花蜜指引也同时模仿花药；勋章菊中的对称性花斑也具有花蜜指引的作用。

🦋 金鱼草

🌸 龙胆的黄色花心和紫色纹路

　　曾经有试验通过对觅食的欧洲熊蜂分别对带有或不带星状模式的人工花的反应进行比较，给每只欧洲熊蜂呈现不同的情景（带有模式的酬劳／无模式、无酬劳，或者无模式、有酬劳／有模式、无酬劳，这里的酬劳指的是可以为欧洲熊蜂提供花蜜），能够对欧洲熊蜂觅食行为的效果进行短期或长期评价。欧洲熊蜂很快在带有模式的花中发现花蜜，很少会错过这个酬劳，无论花冠是圆形的，还是其他形状的。蜜引作用对蜂类发现花蜜是非常有效的。研究者发现欧洲熊蜂或其他蜂类进行觅食后会很快离开，当花朵发生变化，不再提供酬劳时，蜜蜂还是会访问这些带有色素模式却无真正酬劳的花。这表明蜜引模式有时能够促进植物花粉转移是以传粉者成功觅食为代价的，而不是植物和传粉者一致的共同获益。

🐝 波斯菊

蜜蜂眼中的花花世界

八宝景天

色素分布模式考虑了传粉
者的视觉系统。据科学家推测，
蜜蜂的视觉系统比人类的分辨
能力和分辨率差很多，其复眼
分辨率比我们对光谱的感知可
能差 100 倍。大黄蜂是金鱼草
的专属传粉昆虫，金鱼草的花
很可能部分演化与大黄蜂三色
视觉系统相匹配。很多人尝试
建立模型解释传粉者是如何感
知花的，但对许多传粉者视觉
系统缺乏相关的研究。当金鱼
草开花的时候，我们是看不到
其中的雄蕊和雌蕊的，其他昆
虫闻到金鱼草的花蜜香味，只

🐝 金鱼草

能眼巴巴地围着金鱼草的花打转，却无能为力。只有大黄蜂一来，
款款地落在金鱼草的花瓣上，在其重压之下，金鱼草花瓣就徐徐
打开，露出其中的花蕊，让大黄蜂采集花粉和花蜜。

那么植物何时开花，以及开花呈现什么样子，也是受基因控
制的吗?

有一个著名的花发育理论模型叫作"花型态的 ABC 模型"。
这个理论说明调控花器官形成的基因按功能可以划分为 A、B、C
三组，每一组基因均在相邻的花器官中发挥作用，即 A 组基因控
制第一轮花萼和第二轮花瓣的形成；B 组基因决定第二轮花瓣和

第三轮雄蕊的发育；C 组基因决定第三轮雄蕊和第四轮心皮[①]的发育。

除此以外，由于昆虫也是"以食为天"，所以如果只是有姹紫嫣红的色彩还不足以吸引"实用主义"的昆虫。为了吸引昆虫，植物的花朵会通过特化器官蜜腺分泌一种富含营养的物质——花蜜。蜜腺在不同植物中的位置差别很大。大多数被子植物的蜜腺在心皮或雄蕊附近，而有些植物的蜜腺在叶柄部位或叶片基部形成。没有蜜腺的植物对传粉者的吸引有时也会使用骗术，其中最常见的是拟态。

拟态就是模拟其他有利于自己传粉的形态，从而提高昆虫的拜访率。假蜜腺就是一类外形上模拟蜜腺或蜜滴但不具备分泌功能的特殊结构，广泛分布于被子植物的多个支系中，并在大小、数目、位置、颜色和形状上展现出丰富的多样性。假蜜腺是一类微小的半球形凸起结构，表面覆盖有紧密排列的非分泌性表皮细胞，在紫外线和蜜蜂视觉下具有反光属性。假蜜腺凸起结构的形成和光学属性的获得与细胞分裂、叶绿体发育及蜡质形成相关基因的特异表达密切相关，假蜜腺其实是具有视觉吸引和蜜引的作用。

此时，我们可能想到了一类植物——茅膏菜科的捕蝇草。有人认为，这种植物应该不需要昆虫传粉吧，毕竟它是吃"荤"的。那就错了，捕蝇草可是异花传粉的忠实"拥趸"！

---

① 心皮是被子植物花中具有生殖功能的变态叶，是组成雌蕊的单位。

🌸 地桃花的蜜腺

🌸 捕蝇草

捕蝇草是种子植物，而且同一朵花的雄蕊和雌蕊并不同时成熟，离开了昆虫传粉，会出现繁殖风险。实践证明，当捕蝇草处于家居环境的时候，结实率明显降低。那么捕蝇草如何一边寻求昆虫的帮助，一边捕杀昆虫呢？

我们先来介绍一下这类食虫植物，是用什么来捕虫的。捕蝇草的叶片分为两部分，尖端一部分变成夹子；猪笼草叶中脉延长膨大成笼子状；捕虫堇把整片叶的正面变成粘虫板；瓶子草的每一片叶片就是一个捕虫器，里面会分泌消化液，混合着储存的雨水消化那些掉进"陷阱"的昆虫。所以，我们就知道了食虫植物的捕虫"武器"和吸引昆虫传粉的地方并不在一起，属于不同"部门"的事情。如果两个"部门"之间不能很好地合作，而是竞争，就会大大降低植物繁殖效率。

🐝 猪笼草　　　　　　　　🐝 瓶子草

那么，食虫植物的花与叶是如何协调这种矛盾的呢？

我们来看一下花与叶之争吧！以捕蝇草为例，它的策略是这样的：捕蝇草的花茎很长，远远高于下方的捕虫叶。我们猜想，这是花儿为了完成自己的使命努力向上伸长花茎，尽可能地远离叶子，把具有杀伤性的叶子藏于花下，大大降低了传粉昆虫被捕食的风险。例如，好望角茅膏菜的花茎上布满带黏液的腺毛，这些腺毛远比叶片上的腺毛短小，其作用并非用于捕食，而是阻止前来传粉的昆虫从花朵上顺着花茎爬到位于下方的捕虫叶上。同样，猪笼草也会既需要昆虫帮忙传粉，又需在捕杀昆虫之间做权衡，它会在开花时增大节间距，同时又因开花消耗了大量能量，靠近花茎的几片叶片几乎无法长出笼子。因此，猪笼草几乎完全避免了前来传粉的昆虫被误食的情况。

传粉的秘密

　　植物的传粉工作有时需要风、昆虫或人类协助来完成。风媒传粉有很大的局限性，因而物种在长期的演化过程中进化出了虫媒花。地球上约有 85% 的被子植物为虫媒传粉植物，这些植物需要传粉者的活动完成授粉过程，有的甚至需要多种传粉昆虫"多管齐下"。如果虫媒植物没有忠实的传粉者，则导致传粉效率低下，严重影响植物的产量与质量，甚至会导致物种濒危、灭绝。而且我们吃的食物很大一部分是来自于植物的种子或花器官结构。

🐝 蓟属植物的花上有正在传粉的蝴蝶和蜜蜂

据统计，2015 年，昆虫对我国 22 类主要农作物授粉量达到
1.8 亿吨。且不提昆虫传粉对物种多样性方面的贡献，我们只从与
人类温饱息息相关的蔬菜、水果、粮食种植方面来讨论其重要性。
在粮食作物中，大多数是单子叶植物，属于自花植物，不依赖昆
虫授粉，但荞麦对昆虫传粉依赖等级为高度依赖；而豆类作物对
昆虫授粉的依赖具有多样性，表现为依赖程度有中度、低度和不
依赖等级；根茎类作物因为有经济价值的是地下部分，而且通过
无性繁殖，所以并不需要依赖昆虫授粉增加繁殖器官，但从长远
来看，这些物种的遗传多样性及新品种培育仍然需要传粉媒介，
否则将走上严重的因"基因池"狭窄的物种退化之路。

仁果类和核果类作物高度依赖昆虫授粉；浆果类和坚果类
作物也不同程度地依赖昆虫授粉；柑橘类作物高度或中度依赖
昆虫授粉；大多数热带、亚热带果树不同程度地依赖昆虫授粉。
在蔬菜作物中，瓜类蔬菜极度依赖昆虫授粉，因为大多数瓜类
属于雌雄异株植物；茄果类蔬菜中度或低度依赖昆虫授粉；昆
虫授粉能够增加根菜类、绿叶类和多年生蔬菜的种子数量和品
质。在经济作物中，大多数纤维作物、油料作物和嗜好性作物
不同程度地依赖昆虫传粉；牧草与绿肥作物，如苜蓿，极度依
赖昆虫传粉。以上的统计也只是单从人类食用角度而言的，并
不算一个全面的植物调查，但由此，对于昆虫对植物传粉的重
要性可窥见一斑。

植物是相当有智慧的，经过漫长的演化历程，使形态进一步
改进，只为更好地繁衍生息。当然，花和虫需要双赢，花奉献了
花蜜和花粉，虫接纳了馈赠，也要付出劳动为花传粉。倘若没有

授粉前　授粉中　授粉后

🌼 野棉花授粉前后

昆虫，靠人类动手授粉，一棵植株那么多的花，用双手一朵一朵授粉，很难完成！

蜜蜂则不一样，它身藏"利器"——浑身密密的绒毛和粉刷，还有长长的口器。蜜蜂在采集花蜜时，对花朵是有选择性的。蜜蜂一般不会拜访含苞或是刚开放的花，而是拜访盛开的花朵，因为此时花蜜或分泌物的含量是最丰富的。那么，蜜蜂是怎么找到要拜访的花儿的呢？蜜蜂借助触角能够闻出各种花朵的香味，找到花蜜。触角是昆虫重要的感觉器官，具有嗅觉和触觉功能。触角上生有无数的感受器，并与感觉窝内的许多神经末梢相连，它们又直接与中枢神经连接，当受到外界刺激后，中枢神经便可支配昆虫进行各种活动。蜜蜂的触角属于膝状触角，它的嗅觉窝主要分布于触角鞭节前端。昆虫的触角各不相同，但都具有寻找食物、选择寄主产卵或寻觅异性等功能。一般昆虫的触角通过左右上下不停地摆动好像两根天线或雷达的两根小须，接收化学气味和追踪目标。

凤仙花上的蜜蜂，其背上、头上沾满花粉

  蜜蜂具有咀嚼式口器^①，它的口器保持着一对左右对称刀斧状的上颚，具有咀嚼固体花粉和建筑蜂巢的本领；下唇延长，和下颚、舌组成细长的小管，中间有一条长槽，有助于吮吸的功用。如果把这小管深入花朵中，便可源源不断地吸取蜜汁。蜜蜂有了这样的口器，既能采花粉，又能吮吸花蜜。

  蜜蜂不仅采蜜，而且采集花粉。工蜂在出巢前，一般到蜜囊里先吃一点蜂蜜，然后开始辛勤的寻花之旅。当工蜂发现粉源后，便落在花朵上。采集花粉时，蜜蜂除了背上会被迫黏附花粉外，还有独特的工具，主动地采集花粉。蜜蜂先用上腭和前足将花粉粒刮下来，传给中足；中足将刷集胸部和腹部所黏附的花粉，传至后足；然后两只后足左右交替工作，将花粉传到花粉栉上，通

---

① 口器是无脊椎动物，特别是节肢动物口两侧的摄食器官，由头部或头胸部的附肢，或由头部突起部分特化构成。主要用于摄食，并兼有触觉、味觉等功能。咀嚼式口器是具有咀嚼功能的口器，上颚发达，为昆虫口器的模式类型。

过花粉钳的挤压动作，将花粉推进花粉篮内。这个花粉篮是由工蜂长长的后足外侧表面略凹陷而形成的，蜜蜂的后足跗节格外膨大，在外侧就形成一条凹槽，周围长着又长又密的绒毛，组成可以携带花粉的特殊装置——花粉篮。当蜜蜂在花丛中穿梭往来，采集花粉、花蜜时，那毛茸茸的足就沾满了花粉，然后，由后足跗节上的"花粉梳"将花粉梳下，收集在花粉篮中，最后用蜜将花粉固定成球状。蜜蜂的这种能携带花粉的足，就叫作携粉足。

花粉篮

🐝 蜜蜂的花粉篮

这一套专业化采粉工具和程序使蜜蜂工作起来得心应手。而且，蜜蜂采蜜的出勤率也相当高，只要天气允许，就会很勤劳，能出色地完成帮植物传粉、授粉的任务。

勤劳的蜜蜂

　　由于蜜蜂是按巢内需要而自然分工，负责采集花蜜和花粉的蜜蜂是工蜂。在蜂群里，工蜂的个体最小，数量最多。工蜂承担着蜂群内一切工作，包括哺育、采集、清洁和保卫等。为了适应这些工作，工蜂的身体构造产生了特化，发育出管状的喙，这样的结构便于吸取花朵蜜腺分泌的花蜜，蜜囊可以暂时储存花蜜，后足特化出用于采集花粉的花粉刷、花粉栉和花粉篮等特殊构造，同时具有王浆腺、蜡腺等，用于分泌王浆和蜂蜡，但生殖器官退化。

　　不同日龄的工蜂，其职能也按不同日龄进行分工。根据不同日龄所负担的不同工作，人们把工蜂分为幼年蜂、青年蜂、壮年蜂和老年蜂4个时期。

　　幼年蜂是指初出蜂房到第6天的小蜜蜂。出生3天内的幼蜂需要由其他工蜂喂食，虽然如此，这种幼蜂可不是闲着的，也有负责的工作，就是担负蜂群保温和清理巢房的工作；4天后，幼年蜂就能担负调制花粉、喂养其他幼蜂的工作了。

　　青年蜂一般是出房6～17日龄的工蜂。这时期的工蜂的王浆腺已发育起来，主要工作就是分泌王浆喂养蜂王和3日龄以内的幼蜂，并开始重复地头部朝着蜂巢，进行认巢的试飞并排泄粪便（正常的蜜蜂都是在飞行中把粪便排泄在巢外）。工蜂在出生第13～17天，蜡腺变得发达，能分泌蜡片，此时主要担负筑巢、清巢、酿蜜和调节巢温等工作。

壮年蜂是17日龄后的工蜂，其主要职能是担负采集花蜜、花粉和水分等工作，也担负部分守卫工作，是蜂群中最主要的生产者。外界开花植物流蜜期到来时，培育大量壮年蜂在此时同期出现，是蜜蜂家族"保丰收"的首要"战略"。

老年蜂是不是只能"养老"呢？老年蜂是指那些由于前期大量采蜜导致身上绒毛已磨损，呈现油黑光亮的工蜂。老年蜂也不会闲着，主要负责守卫，以及采水、采集盐分等工作。当蜂群受到其他动物威胁时，它们会以牺牲自己生命的方式奋起迎击威胁者，也就是蜇攻。有时候，为了整个蜜蜂家族的繁衍，不得不去做坏事——当蜂群中缺乏食物时，这些老年蜂去偷盗其他蜂群的贮蜜而成为"盗蜂"。

工蜂的寿命一般为30～90天。在夏天繁忙的采集季节，工蜂的寿命会短一些，一般在1个月到1个半月之间；在温度较低或非采集季节，工蜂的寿命就会长一些，影响其寿命长短的原因主要是劳动强度和营养，如哺育幼虫、采集活动及调节巢温的劳动强度等；蜂蜜和花粉等食物是否充足也影响蜜蜂的寿命。

工蜂的飞行高度可以达到1千米左右，飞行时速为20～40千米，有效活动范围可以达到离巢2.5千米以内。采集花蜜是一项十分辛苦的工作，据统计，蜜蜂访问1100～1500朵花才能获得1蜜囊花蜜。1只蜜蜂平均每天采集10次，每次载蜜量平均为其体重的一半，一只蜜蜂一生也只能提供0.6克蜂蜜。而蜂蜜的售价并不是成比例的高价，我想原因可能是蜂蜜的含糖量高，人类的食用量相对较低。

🐝 蜜蜂与蒲公英花

　　若没有蜜蜂或其他授粉昆虫，许多诱人的食物和许多味道鲜美的调味料可能都不复存在，看来我们餐桌的丰富程度和小小的蜜蜂也分不开呢！

蜜蜂与植物的相互影响

支持物种进化观点的植物学家认为，传粉昆虫或鸟类会与大自然中的花一同进化，或者与植物的有性生殖协同发育，形成植物与传粉昆虫彼此促进的多样化过程。一方面，传粉昆虫的行为和形态影响有花植物的进化；另一方面，有花植物的进化也促使传粉昆虫的器官特化，最终两者同时进化，造就了大自然生命的繁荣。

传粉昆虫为了能吃到美味的花蜜和花粉，往往试图保持与花的物候①同步。然而，这的确是一个关键的生态挑战，现在日益严峻的环境变化可能会加剧这一挑战。据文献记载，昆虫在地球上出现的时间比有花植物晚，与双子叶植物②出现的时间相近，昆虫，尤其是蜜蜂的出现大大促进了双子叶植物的进化。

有趣的是，科学家发现，当欧洲熊蜂面对植物花粉缺乏时，会破坏那些花粉较少的植物的叶片，结果使被破坏的植株比未受破坏的植株开花时间要早得多，从而加速植物的开花进程。这是否也是植物和昆虫之间的信息响应呢？我们尚不得而知，但的确很奇妙。例如，在番茄生长过程中，受蜂损害的植株平均开花时间比未受害植株早 30 天，比受机械损害植株早 25 天；在黑

---

① 物候是指生物长期适应光照、降水、温度等条件的周期性变化，形成与此相适应的生长发育节律，这种现象称为物候现象，主要指动植物的生长、发育、活动规律与非生物的变化对节候的反应。

② 双子叶植物是其种子一般有两个子叶的开花植物的总称。

☙ 双子叶植物——二乔木兰

芥中则分别为提前 16 天和 8 天。

　　植物与传粉者的相互作用被认为是被子植物花进化的重要驱动力之一。由于植物的花特征会影响传粉者行为，所以对植物花的综合特征的研究可以揭示植物与传粉者之间的协同进化关系，多样化的传粉者导致不同的花形态和颜色。植物多样化的花设计和花展示主要是为了吸引昆虫传粉、促进植物繁殖成功，从而进一步导致不同花型之间的生殖隔离，引起物种分化。植物的花设计和花展示影响传粉者对植物花的定位、取食花蜜和花粉传播，从而对开花植物的传粉、结实有着举足轻重的作用。

🐝 千屈菜

有一些特殊的植物和蜂类之间有独特的关系，不知你是否听过无花果与榕小蜂的故事？

榕小蜂是榕树专一的一类传粉昆虫，全世界有大约 750 种榕树，大约有 1200 种传粉榕小蜂。榕属植物无花果的祖先起源于白垩纪[①]，榕小蜂的祖先早在侏罗纪[②]就已经出现。最初，榕小蜂从榕树的祖先那里获得食物，二者建立起原始的生态关系，在随后的演化过程中，这类植物的花序逐步特化成仅为某一种榕小蜂提供繁衍栖息的场所，并依赖其传粉，如今它们已形成了不可或缺的专一性的生态关系。

🐝 无花果

---

① 白垩纪是地质年代中中生代的最后一个纪，约始于 1.45 亿年前，结束于 6600 万年前，是显生宙最长的一个阶段。

② 侏罗纪界于三叠纪和白垩纪之间，约始于 1.99 亿年前，结束于 1.45 亿年前。

无花果的雄花是在榕果通道处的白色细丝，雌花是白色的小球。雌性榕小蜂进入无花果，在寻找合适的花柱作为产卵地点时，把从其他无花果处采集来的花粉散播在雌花的柱头上，以完成无花果的传粉。同时，榕小蜂雌蜂利用自己细丝般的产卵器穿过柱头，把卵产在珠心^①和珠被^②之间，形成瘿花。榕小蜂的幼蜂要在瘿花中待至少 3 个月，随后雄性幼蜂咬开瘿花，用它的交配器刺破雌性幼蜂的瘿花，与之在瘿花内交配，交配完成后，再帮助雌性幼蜂咬破瘿花，此时雌性幼蜂长成雌蜂，在离开无花果通道的过程中采集这颗无花果的花粉，而雄性幼蜂就留守在这颗果里，直到终老。

　　无花果对榕小蜂有专一的依赖性，那榕小蜂岂不是把所有的雌花都变成瘿花了吗？无花果在与榕小蜂相处的漫长历史进程中，进化出一种共赢的策略，就是雌花有不同的长度，雌花中有 1/3 的花柱较短，2/3 的花柱较长，而榕小蜂只能利用较短的花柱，以避免榕小蜂在无花果所有的子房中都产卵，把所有的雌花都变成瘿花，如若不然，无花果就不能完成繁衍的"任务"了。

　　无花果栽培历史悠久，人类栽培无花果树并食用的历史已经超过 11000 年。目前，最古老的证据来自约旦河谷地区，在那里，人们发现了公元前 9400 ～ 前 9200 年的无花果。这些无花果在自然界中无法繁衍，可以断定是人类刻意栽培的植物。

---

① 珠心是由胚珠原基的顶部周缘细胞发育而成的胚珠组织，位于珠被与胚囊之间。

② 珠被是覆盖在大孢子囊外部的保护层，成熟时发育成种皮。

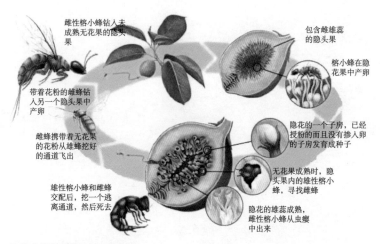

雌性榕小蜂钻入未成熟无花果的隐头果

包含雌雄蕊的隐头果

榕小蜂在隐花果中产卵

带着花粉的雌蜂钻入另一个隐头果中产卵

隐花的一个子房，已经授粉的而且没有掺入卵的子房发育成种子

雌蜂携带着无花果的花粉从雄蜂挖好的通道飞出

无花果成熟时，隐头果内的雄性榕小蜂，寻找雌蜂

雄性榕小蜂和雌蜂交配后，挖一个逃离通道，然后死去

隐花的雄蕊成熟，雌性榕小蜂从虫瘿中出来

🐝 榕小蜂和无花果相互依存

　　无花果植物与膜翅目的昆虫（如榕小蜂）有着密切的共生关系，其为榕小蜂提供栖身场所（瘿花子房）和发育所需的一切营养物质；榕小蜂在花序中爬动，寻找产卵场所（瘿花）的过程中把花粉留给长花柱花，帮助无花果完成必不可少的传粉任务。这一完美而和谐的场景是在长期演化过程中形成的，无花果与昆虫之间进化的一种相互依存关系的表现。

第2章
蜜蜂眼中的花花世界

斑斓世界

蜜蜂虽小，它的眼睛结构却不简单。蜜蜂眼睛的表面由许多排列精致的六角形组成，称为复眼。一只蜜蜂的复眼由数千只小眼组成，每一只小眼都可以收集一个像素，小眼数量越多，视觉越发达，蜜蜂看到的图像越清晰。蜜蜂除一对复眼外，还有三只单眼，与两复眼形成三角形排列，用来感受光的强弱和光源方向。

而且，蜜蜂眼睛消耗了其头部所有器官 60% 以上的能量，占全身静止时能量消耗的 1/4。蜜蜂的眼睛耗费了这么多能量，那我们看到的花花世界在蜜蜂眼中究竟是一个怎样的世界呢？

不妨先来了解一下花的结构和花色，以帮助我们进一步分析蜜蜂眼中的花花世界。

植物的花色是植物最打动人的特征之一。我们能想象到的颜色在自然界中基本都可以寻到。这话真不夸张，自然界就像一位最伟大的调色师，能把我们所想象到的赤、橙、黄、绿、青、蓝、紫幻化成无数种颜色。例如，暖色系的红色，象征艳丽、芬芳、成熟，令人感到温暖、振奋，富有生命力。据推测，自然界中有 20% 的花的颜色属于红色系，红色系的植物包括使君子、朱槿、茑萝、蜀葵、长春花、玫瑰、牡丹、太阳花、柳叶菜、韭莲、荷花和雏菊等。

花色的种类众多，有研究者对 4197 种纯色花的统计结果显示，其中白色花有 1193 种，占 28%；黄色花有 951 种，占 23%；红色花有 923 种，占 22%；蓝色花有 594 种，占 14%；紫色花有 307 种，占7%；绿色花有153种，占4%；橙色花有50种，占1%；茶色花有18种，占0.4%；黑色花有8种，占0.2%。根据这个统计显示，白色花和黄色花约占调查总数的51%；红色、蓝色、紫色的花约占43%。

🌸 使君子

🌸 朱槿

🌸 茑萝

🌸 蜀葵

🐝 长春花

🐝 玫瑰

🐝 牡丹

🐝 太阳花

🐝 柳叶菜

🐝 韭莲

🐝 荷花

🐝 雏菊

🐝 兰花草

🐝 烟草

蜜蜂眼中的花花世界

　　黄色比较明亮，寓意向阳的光源，给人以光明、辉煌、柔和等感觉，黄色又具有崇高、神秘、华贵、尊严等感觉。在自然界中，28%左右的花是黄色系的，而且大多数具有浓郁的芳香，如蜡梅、桂花、依兰、金光菊、鱼鳔槐、菊草、连翘、黄葵等。

　　花为什么呈现黄色？因为有的花只含有类胡萝卜素，如郁金香、百合花、蔷薇等；有的只含有类黄酮，如杜鹃、金鱼草、大丽花等；有的是类胡萝卜素和类黄酮两者兼而有之，多数黄色花属于这种，如万寿菊、酢浆草等；还有一部分黄色花显示的黄色是由于含有另一类色素——甜菜黄素所致，如黄色的三角梅、仙人掌等。

🐝 黑心金光菊

🐝 蕨叶蓍

🌸 连翘　　　　　　　　　　　🌸 鸢尾

　　橙色是黄色和红色的混合色，给人以温暖、热情的感觉。橙色系列的花包括太阳菊、萱草、橙色三角梅等。

　　在一些橙色的花中，其花瓣因含有锦葵素或甜菜黄素而显示为橙色。偏黄色的橙色花多由类胡萝卜素引起，如百合花；偏红色的橙色花往往是由花青素导致的，如天竺葵；由红、黄两种颜色混在一起而产生的橙色花，是由花青素与黄酮或黄酮醇在花瓣中组合而成的，如金鱼草；或者由花青素与类胡萝卜素组合而成的，如郁金香等。褐色的花是由花青素和类胡萝卜素共存而成的，如桂竹香、报春花。还有一部分橙色花由甜菜黄素和甜菜红素按照不同的比例产生所致，如藜麦、三角梅等。

🐝 车轮菊

🐝 百合

🐝 三角梅

🐝 蝴蝶与藜麦花

　　白色象征纯粹和纯洁，白色的明度最高，令人产生纯净、清雅、圣洁、安适、高尚、无邪的感觉。白色可以使其他颜色有协调的感觉。白色花也多有香气或多有花斑。白色系列的花有曼陀罗、鬼针草、鬼水蕉、红瓜、白玉兰、小雏菊、鸡蛋花、红瑞木、白牡丹等。

　　实际上，白色的花（包括奶油色、象牙色在内的花）是非常淡的黄色花，我们所看到的白色是由于花瓣中含有大量肉眼看不到的非常小的气泡，对入射光线多次折射产生白色的感觉。另外，白色花中含有的淡黄色的类黄酮，能吸收靠近紫外线部分的光线，人眼对它不能产生色感，而它对昆虫具有较大诱惑力，这可能也是在草原上浅色花居多的原因。

 红瓜　　　　　　　　　　　玉兰

🐝 山桃草

🐝 鸡蛋花

🐝 红瑞木

🐝 牡丹

　　蓝色是天空、大海的颜色，给人以深远、清凉、宁静的感觉，蓝色是典型的冷色和沉静色。自然界中蓝色的花不多，深蓝色的花尤其少。蓝色系列的花包括鸭跖草、矢车菊、飞燕草等，这些与生长在高海拔地区的植物相似，紫外线强烈、日照时间长、温差大是这些植物的生长环境特点。

🐝 鸭跖草

🐝 甘肃矢车菊

🐝 飞燕草

🐝 鼠尾草

紫色是红色和蓝色的混合色，给人以神秘、沉静的感觉。紫色系列的花包括碧冬茄、紫露草、石沙参和蓝花藤等。

🐝 碧冬茄　　　　　　　　🐝 紫露草

🐝 石沙参　　　　　　　　🐝 蓝花藤

🏵 铁线莲

　　深红、粉红、紫色、蓝色、黑色等颜色的花，绝大多数是因花青素而产生，其花色变异幅度大的原因主要是花青素的成分和含量。花青素包括很多种，如矢车菊素、天竺葵色素、飞燕草素、芍药色素等，不同色素的含量促使花朵呈现不同的颜色。另外，花青素还有可能被其他物质修饰（如羟基化、甲基化、糖苷化等），从而产生不同颜色的花。紫黑色花的形成除了花的色素种类及含量外，还由于花瓣表皮细胞的形状，如果表皮细胞扁平或又细又尖，对光线产生阴影，则呈紫黑色。在石竹目 10 个科的植物中，这类颜色的花主要含有甜菜红素和甜菜黄素。甜菜红素和甜菜黄素的含量不同造就了不同的深浅色。

对于传粉者来说，植物发出的邀请信号主要分为视觉信号（花色和花型）和嗅觉信号（花香）两大类。

视觉信号通常指花的颜色。以花的特征来区分，主要有以下几类：红色的花大多由鸟类传粉，产生的花蜜量大但浓度较低，而且花通常没有气味；黄色或蓝色的花通常由蜂类传粉；蝶类传粉的花通常在白天开放，产生较多的花蜜，具有细长的花管（常有含蜜的距或窝），花色一般也是红色；蛾类传粉的花通常在夜间开放且气味芬芳，花冠筒又长又窄，颜色通常以白色或浅黄色为主；蝇类传粉的花通常花色暗淡，花朵大且敞开，并具有独特的或难闻的气味。除个别情况外，在多数情况下，依据花的颜色等特征就能判断植物的传粉媒介主要是什么。因此，经典的花特征演化理论认为"传粉者影响了花的演化"。

蜜蜂眼中的如意花

我们看到的世界通常是由三原色（红色、绿色和蓝色）按不同比例叠加的彩色世界，而蜜蜂所看到的则是由黄色、绿色、蓝色和紫外线叠加的世界。昆虫研究学者发现，蜜蜂偏爱黄色，对蓝色也较敏感。

在美国密歇根州立大学黄智勇教授的帮助下，本书创作团队得到一个能够模仿蜜蜂眼睛成像原理的相机，这使得我们能够拍摄大量的照片，向读者展示蜜蜂眼中的花是什么样子的。

这里有三点需要说明：第一，由于花与蜜蜂的关系非常密切，所以在拍摄过程中仅拍摄了花；第二，紫外线、蓝光和绿光合成的照片仅仅是为了展示蜜蜂眼中和人类眼中花的差异，并不能完全代表蜜蜂所能看到的实际样子，而如果要了解蜜蜂是否能看见花上的某个部位，需要用反射光谱仪测量该部位的反射光谱数据，然后利用蜜蜂的视角模型计算该部位是否可以被蜜蜂察觉到；第三，由于紫外线成像需要的曝光时间较长，而在野外拍摄时，如果在植株上拍摄花，那么会由于较长时间的曝光及野外的气象条件而导致无法拍摄，因此，在拍摄前先将花固定在一个平台上，然后进行拍摄。

第一组：红色的花

蜜蜂的眼睛虽然复杂，纵然它有数千只小眼，且消耗了头部能量的60%，却不能把我们眼中的七彩世界完全识别出来。红色系的花在蜜蜂的眼中一概被识别为深浅程度不同的蓝色。

🐝 郁金香

🐝 桃花

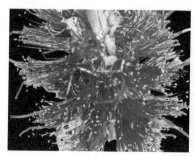

🐝 红千层

🐝 狼毒

🐝 红花檵木

🐝 杜鹃

第二组：黄色的花

　　黄色的花在蜜蜂的眼中会变成蓝色、绿色或紫色，而黄黄的花蕊会变成了翠绿色，花中的斑点变得更加引"蜂"注目。植物学家告诉我们，黄色花的组成成分比较复杂，存在多种可能，而蜜蜂居然能把黄色花"翻译"成浅绿色、深绿色、浅蓝色、深蓝色、浅紫色、深紫色等以示区别，真是"火眼金睛"。

🐝 石海椒

🐝 酢浆草

狭舌垂头菊

欧报春

黄帝橐吾

🐝 长花马先蒿

🐝 掌叶大黄

🐝 野罂粟

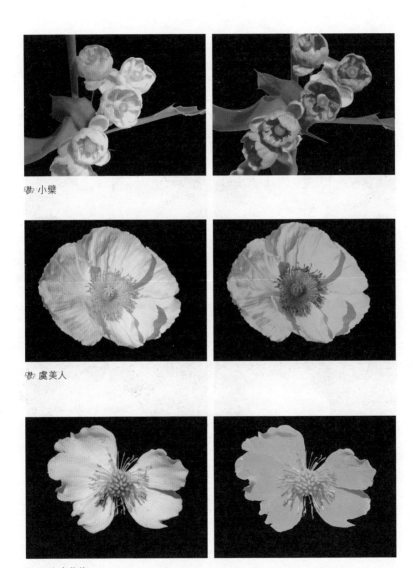

🐝 小檗

🐝 虞美人

🐝 云南金莲花

第三组：白色的花

　　大自然中的植物为了争奇斗艳、招蜂引蝶，无不施展出千般"武艺"，然而颜色朴素的白色花历经漫长时间的演化，却仍然蓬勃繁荣，倍受昆虫的"青睐"。利用模拟蜜蜂眼睛成像原理的相机，我们看到白色花在蜜蜂眼中变成了蓝色或紫色。

🐝 除虫菊

🐝 鼠尾草属植物

🐝 二乔木兰

🐝 花红

🐝 牡丹

🐝 银露梅（白色）和金露梅（金色）

第四组：紫色的花

在高寒的云贵高原地区，长相朴实的紫色花较常见。它们很少有花斑等装饰。因此，忙碌的蜜蜂将其一概识别为蓝色的花。我国的西北高原通常气流很强，以风代蜂来传播花粉是很多花儿的选择，毕竟依靠昆虫传粉需要以花蜜为代价，大多数深处高寒多风地带的高原花自身生存已属不易，哪还有多余的能量来为昆虫提供额外的花蜜呢？而且，这些地带的昆虫也不是很多。

🐝 蓝翠雀

 肋柱花

 甘肃马先蒿

 乌头属植物

🐝 大花扁蕾

🐝 西南风铃草

🐝 鸡蛋参

🐝 天蓝沙参

🐝 鸢尾属植物

🐝 紫菀

第五组：蓝色的花

　　自然界中的蓝色花比较少，蓝色花在蜜蜂眼中相较之于在人眼中，并无太多不同之处。

　🌺 线叶龙胆

第 3 章

吸引蜜蜂的魔力

花斑的变异

　　植物的花瓣通过异色斑点、条纹等浓妆艳抹的形式来吸引蜜蜂，如百合、兰花、菊花、牡丹等植物，尤其是许多现代栽培品种，拥有新奇彩斑。这些多彩的色斑大大丰富了植物的观赏性状，既取悦人类，同时也吸引蜜蜂等昆虫的"光顾"。研究者发现，花的"美妆招数"包括点状花斑、花边、星形、二色、条纹、斑块和小丑型等。

 大花萱草（复杂颜色）　　🐝 长春花（二色）

🐝 百合（纤毛妆）

🐝 三色堇（花边妆）

🐝 文心兰（点状斑）

🐝 裂叶牵牛花（条纹）

🐝 吊钟柳（小丑型）　　　　　🐝 曼陀罗（星型）

　　花斑是植物对传粉昆虫释放的重要信号，已有研究表明花斑颜色的改变会影响蜜蜂、蜂鸟和蛾等授粉昆虫或鸟类的造访。

　　花儿色彩斑斓，为了吸引昆虫可谓煞费苦心，如郁金香的花色丰富、绚丽，有的像京剧脸谱，花瓣中间呈明黄色，边缘呈鲜红色，或形如流苏，多样的色彩组合，只为等待传粉昆虫的到来。

　　例如，凤眼蓝，又被称为水葫芦，它的花朵呈喇叭状散开，眉心醒目处生有鲜黄色斑点，点缀在蓝纹心形斑中，每朵花整齐排列，十分美丽，令人陶醉。花瓣上的黄色斑块其实是留给昆虫的暗示，指引它们朝着这个方向飞来。

🐝 郁金香

🐝 凤眼蓝

玉簪花的花苞带有藕荷色（泛指浅紫而略带粉红的颜色），盛开后的花瓣羞嗒嗒地展露姿色，暗示着蜜蜂通行的秘密通道，它直接用花蕊上美味的花粉吸引蜜蜂，令蜜蜂直奔花蕊。可惜的是花中并无较好的立足之处，蜜蜂摇摇晃晃地吸食美味，却没有舒适的空间体验。大黄蜂笨拙地扑向藕荷色的花瓣，却因为太胖而无法在其中站立，只能停在花朵中小憩片刻，再饥肠辘辘地离去……

🐝 玉簪花

　　假连翘花分泌的花蜜极多，当假连翘正值花期时，远远望去，一片紫色，且浅紫中隐着深紫的花纹。蜜蜂、果蝇、苍蝇、蝴蝶，甚至大黑蛾和胡蜂（大黄蜂）等拜访者络绎不绝，有的闻香而来，有的辨色而至。体型庞大的昆虫在迷你的花朵上找不到稳固的落脚点，在柔软的枝条上也无法站稳。不过，蜜蜂和果蝇拜访假连

假连翘花

翘花却相对轻松，它们不仅有稳固的停靠点，还可以享用足量的花蜜，甚至花蜜的位置都有清晰的指引！

我们仔细观察会发现，假连翘的花几乎垂直于地面开放，向地的两个花瓣上各有一条深紫色的线条，像八字胡一样向两边展开，靠近花心深紫色的线条幻化为深紫色渲染的斑，尽头就是被蜜蜂当作食物的黄色花蕊和花粉粒；而离地的 3 个花瓣靠近花心端是白色，形成一个半圆环绕着花蕊。在蜜蜂眼中，这些斑、条纹会变得更加醒目，于是，在花海中的蜜蜂会直奔蜜源深处而去。

三角梅，花如其名，三朵小花呈三角状矗立在三张紫色飞毯上，昂首面向蓝天。三角梅的飞毯其实不止紫色，还有粉色、橙色、白色、红色。在三角梅绚烂的外表下，其实隐藏着凄凉的秘密——市面上 90% 的三角梅都是高度不育的。不过，植物学家在长期培育和研究过程中发现个别品种的三角梅能结少量的种子，直径只有 0.5 厘米的小花为了招揽昆虫传粉，努力发育出小小的蜜腺和香腺，使得蚂蚁、蝴蝶、蜜蜂等前来造访！

🐝 三角梅

　　酢浆草科杨桃是一种热带、亚热带地区的水果，吃过、听过、见过杨桃的人不在少数，但杨桃花恐怕很多人未曾见过，而遇见杨桃花的人大都会为之惊艳，朵朵小花既有年画般的乡土气息，又不失雅致。直径不超过 1 厘米的小花簇拥着在茎上开放，5 片粉紫色的花瓣包围着 5 根白色花柱。杨桃花的拜访者主要是蚂蚁，它们成群结队地穿梭于粉紫色的杨桃花之间，接受杨桃花花蜜的同时也帮忙传递花粉。

🌸 酢浆草科杨桃

　　野生微孔草生长于中国青藏高原及其周围地区，海拔高度一般在 2000～4000 米。微孔草花的颜色是一种透着紫色的蓝色，仿佛是一种穿透力很强的蓝，也许只有在高原才能诞生那样的蓝，蓝得纯粹，蓝得令人心醉！直径只有 5 毫米的小花坚毅地生长于高原上，不惧严寒，不惧干旱。蓝色花冠的中心有浅浅的紫色，不要小看这圈浅紫色，对蜜蜂或苍蝇之类的昆虫来说，这就是蜜引标示，指引着昆虫前来采蜜，顺便帮微孔草传播花粉。微孔草是 2 年生植物，小小的花结出的种子含油量达到 40%，也是珍稀的油料植物！

🐝 微孔草

　　在公园林地，我们经常会看到大约膝盖高的一株株开满蓝紫色花的植物，这就是兰花草。兰花草起源于墨西哥的热带地区，在我国福建等地多有种植。

　　兰花草的花期可从春天持续到秋天，远远望去蓝盈盈的一片，其主要传粉者是蜜蜂和胡蜂。兰花草的花冠为紫色，以近乎垂直的状态面向来访者开放，花心下部呈现深紫色，深处是淡黄色，沾满花粉的雄蕊紧贴花冠的心顶部。花冠较狭窄，普通蜜蜂要费些力气才能挤进去。所以，当拜访者探头进入花心部，退出时必会在背部沾满花粉。观察发现，拜访者无论是普通的蜜蜂，还是大黄蜂，在兰花草上停留的时间都很短暂，植物学家猜测这可能

是由于兰花草没有蜜腺回报拜访者，于是也就可以理解兰花草的
花冠基部狭窄的"谋略"。

🌸 兰花草

闻香寻花

对于蜜蜂觅食花蜜、花粉来说，嗅觉可能比视觉还重要，逐香而至也就成为蜜蜂等昆虫的正常行为。但有的昆虫在哺育幼虫时，还必须采集一定数量的花粉，因为花粉中含有较高比例的蛋白质、脂肪、微量元素、维生素等营养物质。一只工蜂是如何知道一两千米以外的地方有鲜花盛开呢？就是通过嗅觉。那么问题来了，蜜蜂并没有鼻子，它是靠什么来闻到花香呢？

原来，蜜蜂是靠触角上的嗅觉器官闻到花香的。触角是蜜蜂最主要的触觉和嗅觉器官，它能嗅出几千米外的花香味。科学家用显微镜观察蜜蜂的触角，仅仅一根触角上就有4000～30000个嗅觉器。当嗅觉器捕捉到气味后，立即把信息传送到大脑，大脑再指挥蜜蜂朝有气味的方向飞去。这些嗅觉器不仅能帮助蜜蜂"闻"到花香，还可以感知温度、湿度的变化和风力的大小。

我们知道花色姹紫嫣红，花型千姿百态，而花香也是差异万千的。那么香气从何而来，需要我们了解一些植物化学领域的知识。

花的气味是由植物释放的含有一定化学信息的次生代谢物质。在通常情况下，花的气味混合物种类平均为20～60种，少的情况下有1～8种，多的情况下甚至超过100种。有趣的是，在花的气味化合物的混合物中，含量最高的化合物通常并不是吸引访花者的主要成分，更多情况下某些含量较少的化合物才是决定对访花者吸引能力的关键。例如，向日葵花的气味中有130～150种挥发性化合物，但其中大约只有 30 种在决定向日葵对蜜蜂吸引能力方面是必需的，也就是说，这 30 种化合物主要组成了"向日葵的味道"。花的气味是植物长期进化的产物，是植物之间、植物与环境之间，以及植物与昆虫之间相互联系的纽带。

据预测，自然界中绝大多数的开花植物是依靠昆虫完成授粉任务的，因此植物对昆虫的"争夺"可想而知是十分激烈的，特殊的香味也是花儿增加竞争力的方式之一。那么，昆虫都喜欢什么味道呢？

我们按照对花的气味的感知情况大概可以划分为三大类。首先是芳香型气味，有一些夜间花，这些花在白天时香味不大，但在夜晚便会香气四溢，如茉莉、栀子、晚香玉等。这些花的传粉者大多是夜间出来活动的飞蛾；日间花如玫瑰、百合、仙客来、紫罗兰、含笑、桂花、石竹、兰花等，传粉者主要是蜂类。

这些花儿能释放出令人愉快的香味，它们的传粉者多是蜂类和蛾类昆虫。但当中有的口味单一，仅对一种气味情有独钟，如拜访矢车菊的地花蜂仅在矢车菊或其近源种上采食；花椒凤蝶只关注花椒、柑橘等芸香科植物；而菜粉蝶最爱的是十字花科植物。有的传粉者则爱好广泛，可以采食不同科的植物，如中华蜜蜂和意大利蜂。

其次，与芳香型气味的花相对立的是恶臭型花。这类花的气味通常在很远的地方就能闻到，像腐尸或粪便味，这一类型的花也拥有大批追随者，它们是口味相当独特的蝇类或甲虫的最爱。事实上，这是一种化学拟态，是植物花模拟腐败蛋白质或粪便发酵产生的气味，以诱使昆虫来到花中。这些花中的臭味成分主要

蜜蜂眼中的花花世界

🐝 万寿菊

🐝 天轮柱

🐝 山韭

🐝 红纸扇

是胺类，具较强的挥发性，且多具鱼腥味。有的花还含有脂肪酸，如异丁酸也有腐臭味，对蝇类有一定的引诱力。

　　最著名的恶臭型花就是巨魔芋，原产于苏门答腊岛，当地人称之为"森林女巫"。夜晚，林中温度下降，但巨魔芋的温度开始上升。随着深紫色"花瓣"（佛焰苞）的展开与温度的持续上升，腐烂的恶臭味道四处弥漫，仿若腐尸，吸引埋葬虫①和食肉蝇传粉。它的盛花期花序温度达到36℃，可以模仿刚死去动物的体温，以进一步吸引传粉昆虫光顾。以腐肉为食的甲虫及某些蝇类寻味而来，本想寻找腐肉，但遇到巨魔芋，其光滑的苞片使它们很难逃出。到第二天夜晚，巨魔芋雄蕊开始成熟，释放出的花粉落在被困的甲虫身上，接着苞片的内壁开始变得粗糙，"落难"的甲虫才有机会爬出。而此时另一朵"森林女巫"正在盛开，等待着它们拜访……

🌸 开花中的巨魔芋

　　事实上很多花仅靠特殊气味就能吸引一批传粉者为其"工作"，特别是一些较原始的花，虽然没有鲜艳的花色，但具有强烈的气味，它们多数是由甲虫来传粉。科学家在研究

① 埋葬虫即埋葬甲科，是鞘翅目埋葬总科的通称，为食尸性或腐食性甲虫。

华盖木花的授粉情况时发现，在短短的开花时间内，有蜜蜂和甲虫两种访问者，那么到底谁是真正的传粉"使者"呢？

事实上，华盖木的花心雄蕊在下方，雌蕊在上方，并不聚在一起，而蜜蜂喜欢在雄蕊密集区采粉，并不能把花粉传到上方的雌蕊处，停留在花中一整晚的甲虫才是真正的传粉"大使"。

还有一些夜间活动的蛾类对花味也特别敏感，在绝对黑暗的条件下，夜蛾也能访花，主要是依靠气味定向，对于为何种颜色的花服务，并不是它们关心的重点。

另外，植物的挥发性化合物还包括一些信息素类的化合物，这类研究在兰科植物中开展得比较多。兰科植物中有近 1/3 的花是通过欺骗来完成传粉的，而气味信号在欺骗性传粉中扮演了重要角色。例如，角蜂眉兰与其传粉者胡蜂就是欺骗性传粉的经典案例之一。角蜂眉兰会散发出雌性胡蜂的气味，同时模仿雌性胡蜂的形态，因此雄性胡蜂就因被"美色"吸引而访问角蜂眉兰。这个传粉系统涉及一些重要的化合物。研究发现，在没有被传粉的花内这些化合物的含量要远远高于已传粉的花。而与此相吻合的是，没有交配的雌性胡蜂散发的这些化合物含量要远远高于已经交配过的雌性胡蜂。关于兰科植物的欺骗性，我们将在本章最后一部分详细说明。

🐝 角蜂眉兰（Photo Credit Free the Image on VisualHunt.com CC BY）

对于开花植物来说，吸引传粉者并在传粉者的协助下完成传粉是完成有性繁殖的重要过程。因此，花可以被认为是一个传递感官信号的宣传平台。而在这一宣传过程中，不同的广告方式，如视觉信号、气味信号等，在不同植物中的地位和作用不尽相同。我们可以想到，白天开花的植物，视觉"广告"可能占主导地位，而在晚上开花的植物，气味"广告"可能就会占主导地位。不同的信号也会具有不同的作用，如气味信号可能主要负责从远处吸引传粉者，而视觉信号则在传粉者访花时具有重要作用，或者也可能正好相反。除花的气味对传粉者具有吸引作用外，我们还需要考虑花的气味对其他访问者（如盗蜜者、食花者）的排斥作用。充分了解不同访问者对花的气味的反应，就能更进一步理解某种或某类花的气味的进化意义及其生物学功能。

开花时间与花的运动

　　植物开花不是随意的，是严格受体内特定基因控制的。科学家发现很多与开花时间有关的基因，通过调控这些基因的表达时间和表达量从而可以改变植物开花的时间。例如，原本春夏开花的植物通过这样的操作，就可以实现在某些特殊时节让植物开花。那植物本身能否自己来调控这些开花基因的启动和关闭呢？

　　研究发现，植物在长期的进化中已经具备自己调节这些基因的功能。研究人员发现了植物营养生长期的"胚胎记忆"现象及调控这一现象的表观遗传机理。幼苗期的植株经历冬季低温后，控制开花时间的 *FLC* 位点基因一直处于关闭状态，即使春季气温已回升，这种关闭状态也会一直持续到成年期开花。开花后，在胚胎发育早期，*FLC* 被重新激活，此激活状态会传递到幼苗，这样就形成了苗期的"胎性记忆"（好比成年人的幼时记忆）。因 *FLC* 在秋季的幼苗中处于激活状态（种子在秋季发芽出苗），从而防止植物在过冬前或过冬时开花。开花后的胚胎发育早期擦除"低温记忆"，激活负责调控开花的 *FLC* 基因，使下一代形成又需经历冬季低温才能在春季开花的分子机制。在长期低温（冬季）条件下抑制开花关键基因 *FLC* 的表达，并随后在常温时维持其沉默（低温记忆）的表观遗传机制，这一机理使植物能够在随后的春季开花（即春化作用）。

　　除了通过科学家进行基因调控的分子操作，是否还有其他方法可以控制植物开花？研究者在长期的生产实践中发现，通过光照条件的改变也可以改变植物开花的节律。由于植物生长在不同的地理环境中，由此进化出了对光照长短需求的明显差异。很多植物在生长发育过程中，需要充足的光照才能正常开花、结实。这类植物只有日照长度超过临界日长（14～17小时）或黑暗期必须短于某一时数才能形成花芽。需要较长日照条件的植物，若低于这些日照长度，植物则只停留在营养生长阶段。长日照植物有小麦、大麦、油菜、萝卜、豌豆等，都需要较长的光照，纬度超过60°的地区，多数植物属于长日照植物。而有的植物在整个生长发育过程中，则要求有一定长度的黑暗期，它们虽然也需要光照，但对光照时间要求不太长，一般是短于临界日长（少于12小时，但不少于8小时）才能开花，这种植物叫作短日照植物，在一定范围内，黑暗期越长开花越早，日照时间长了，它们只进行营养生长。位于低纬度的热带、亚热带和温带春秋季开花的植物多属短日照植物，这些地区的昼夜温差相对较小，大豆、玉米、谷子、水稻、紫花地丁等都属于短日照植物。夏季，我国北方比南方日照时间长，如果将南方的短日照作物引到北方种植，会因日照时间长而延迟开花、结实，或在秋霜到来前不能成熟；如果将北种南引会因日照时间短，不能满足其生育期的要求而提早成熟，以致造成产量或品质下降。也有一些对日照长短反应不够敏感、要求不严格的植物，如荞麦、茄子等。

介绍了这么多植物开花的内容，并非与本书主题无关，因为植物开花除了与季节、温度、光照等条件相适应，还与动物习性相关。植物开花是为了吸引昆虫、鸟类等传粉，以繁衍后代。而这些传粉者的作息时间各不相同，如蜜蜂、蝴蝶、鸟类大多在白天出动，而飞蛾、蝙蝠、甲虫则是偏好夜行，于是植物便灵活地调整开花时间，以便吸引特定的传粉者。

我们以睡莲为例，相信有的朋友曾有过这样的经历：满心欢喜地去公园看睡莲时，却发现睡莲的花瓣闭合，没有开放，这是什么原因？其实，睡莲还有个美丽温婉的别名——"睡美人"，它的花朵一般在晚上闭合、清晨绽放。这是为了适应一天的节律变化。太阳东升西落，光照、温度、湿度等因素也随之变化，为了与之适应，植物利用自己的智慧也做出相应的调整。清晨，太阳升起，睡莲花瓣张开，目的之一是为了吸引昆虫的光顾，如果大多数的昆虫在日间"拈花惹草"，睡莲也就选择这个时段"开门迎客"。

睡莲是一种分布很广的植物，世界各地都有它的身影，不同的环境造就了睡莲花朵开放的不同时间。也就是说，每种睡莲都有自己的生物钟，在开花时期上呈现有规律的变化。要想见识睡莲的风采，得跟着它的节奏走。

🐝 多姿多彩的睡莲

这里还需要特别介绍睡莲家族的明星——王莲，王莲的叶片直径可达两三米，花型大而漂亮，花的直径可达三四十厘米，花瓣多达五六十片，色彩也富于变化，从早期圣洁的白色到授粉后变为浪漫的粉色。在王莲面前，睡莲家族其他成员似乎变得黯然失色。

👋 王莲初盛开时为纯白色花朵，授粉后变为粉红色花朵

　　王莲的花蕾呈凤梨状，花朵的第一个花瓣通常在下午时展开，完全开放一般是在傍晚，此时的花是纯净的白色花。随着花朵的开放，花内部呼吸加快，温度可以升高约 12℃，浓烈的花香在高温下散发出来，吸引昆虫前来拜访。昆虫携带其他王莲的花粉进来后，王莲的花朵开始闭合，昆虫被关在花瓣组成的封闭房间里。此时花药也慢慢成熟，释放出来，附着在昆虫身上。为了避免自花受精，聪明的王莲此时并不会接受自己释放的花粉。到了第二天傍晚时分，王莲的花重新绽放，放出可怜的"囚犯"，让它把花粉带到新开的白色花上，这就是王莲异花传粉的方式。

　　花的运动不仅是睡莲家族的专利，疆南星的花也有厉害的本领，它诱骗的是蝇类。疆南星的佛焰花序外苞片的佛焰苞也是在晚上开放，伴随着强烈的热化学反应，花内温度可升高到30℃，蛋白质降解产生的胺类散发出很强的臭味，许多腐食性昆虫被臭味吸引进入花内，并落入底部，由于佛焰苞内壁光滑并有油状分泌物，昆虫便不能爬出，而被幽禁在此约24小时。在此期间，它们在佛焰花序下部爬动，把带来的花粉传给柱头。次日花药成熟，花粉散出，蝇类身上沾满花粉，此时佛焰苞内壁形态也发生了改变，由光滑变得皱褶。这样，被困的昆虫才得以爬出，飞向另一个开放的佛焰苞。

有的植物，即使是同一物种，其开花时间也不尽相同，它们有时要发挥"团队"的力量，更好地吸引传粉者。例如，夏蜡梅的花期在5月上旬到6月下旬，不同群体开花物候也有明显的差异，如果把一个群体比作一个家庭，那每个家庭的生物钟都不一样，"家庭成员"之间同步性高的话，那些花就会一起落。作为一种濒危物种，夏蜡梅以这种"集中开花模式"吸引更多的传粉昆虫，有助于提升传粉成功率，但这样也增加了"家庭成员"间的花粉传递，也就是近亲繁殖，导致夏蜡梅在一定程度上的自交和近交衰退，这可能是夏蜡梅群体变得濒危的原因之一。

🐝 夏蜡梅

🐝 灰木莲

对于木兰科的灰木莲来说，它的访花昆虫很广泛，约有13种，不同环境的访花昆虫种类差别较大，较为稳定和有效的传粉者主要有蜂类、甲虫类和蝇类，这些传粉者如何协同工作，避免"撞车"呢？在天气晴好的盛花期，灰木莲主要的接待对象是蜜蜂和蝇类；在低温的阴雨或强风天气条件下，蓟马和甲虫则是其主要访客，灰木莲"真是把档期排得满满的"！

毛茛科金莲花在开花过程中的访问者也是变换的，在开花前期，它拥有较宽的花瓣、花萼和较矮、较短的花茎，这时期的主要访客是蜂类，随着花期的发展，到后期花瓣变窄、花茎伸长，蝇类访问者也变得多起来。

🌸 金莲花

夜晚总是给人寂静的感觉，在万籁俱寂的时候，还有一些花朵在和昆虫幽会。夜来香、月见草、昙花、曼陀罗等在夜晚开花的植物都有着浓烈的香气，吸引着蛾类或蝙蝠等动物的造访。

　　说起晚上开花的植物，很多人首先想到的就是夜来香。夜来香其实是很多在晚上开花的植物的别称，而我们常说的夜来香主要是指夜丁香，它开花较美，并且有着浓郁的香气。夜来香是一种很"聪明"的花，也需要昆虫传粉，由于大多数的花儿都在白天开放，昆虫忙碌地传播花粉，夜来香便选择在夜晚开花，让夜间活动的飞蛾帮它传播花粉，也使得这些昆虫有食物吃，"利人又利己"。夜来香的花瓣与一般在白天开放的花的花瓣构造不同，其花瓣上的气孔有一个特点，一旦空气湿度大，它就张得大，气孔张大，释放的香气就多。夜间虽没有太阳照射，但空气比白天湿润得多，所以气孔就会张大，放出的香气也就更加浓郁。我们仔细观察可以发现，夜来香的花香不但在夜间浓郁，在阴雨天，香气也比晴天时浓厚，这就是因为阴雨天空气湿度大的关系。

🐝 月见草

　　月见草，一看名字就知道它是在晚上开花，一般在傍晚时分开花，花朵娇美，呈浅黄色，具有浓烈的香气，蛾类昆虫在这时闻香而动，借助花瓣微弱的反光，循着香气吸食花蜜。月见草的花期很短，只有十多个小时，当天亮的时候，花朵慢慢变色凋谢，仿佛特意等待黎明的到来，所以又被称为待霄草。

说起晚上开花的植物，我们也不能忘记昙花。昙花也叫"月下美人"，是一种仙人掌类植物，为了适应沙漠干旱的环境，它选择在夜间开花。事实上，许多仙人掌类植物也都喜欢在夜间开花，也许是因为花儿娇嫩，怕太阳晒。它是一种家喻户晓的"传奇"植物，通常在晚上八九点以后开花，从开放到闭合大约只有一个小时，所以我们看到昙花开花是很难得的事情。

曼陀罗也是一种十分常见的在夜间开花的植物，花以白色为主，花管呈螺旋状敞开，若隐若现的紫色条纹增加了它的神秘感。在黄昏时，曼陀罗花迅速开放，呈喇叭状，同时释放强大的香味。不少在夜间活动的昆虫都很喜欢它的味道，但它的主要访问者是蜂鸟和鹰蛾，蚂蚁也时常拜访，这些动物在吸食花蜜的同时也帮助曼陀罗授粉。需要强调的是，曼陀罗是一种有毒植物，它的根、茎、叶、花、种子都含有有毒物质。

曼陀罗花

昙花

月光花，又名嫦娥奔月、夕颜（日本的叫法），原产于热带美洲，我国大部分地区也有分布，野外多有生长，目前已由人工广泛栽培，用种子或扦插进行繁殖。月光花的白色花朵形似满月，大而美丽，且在夜间开放，故此得名。每到花期，月光花在晚上七点左右开放，舒展花瓣，白色大花洁白芬芳，不仅是展示自己"身姿"的最佳时刻，也是吸引夜间昆虫传粉的秘密信号。

　　上述几种植物独特的开放时间，来自于自身发育状况、营养状况的调整，也是其与传粉昆虫的"秘密约定"。如果想要欣赏这些花的曼妙，不要错过美丽的约定和夜晚的月光！

会变妆的花

化妆是爱美人士的一种修饰手段，花儿也深谙其道，如常见的喇叭花就"精通"变妆之术。我们经常见到的喇叭花，又名牵牛花。这种花在我国南北方皆宜种植，在寒冷的北方，最早看到"小喇叭"张开也要到 6 月了，一般能持续到 8 月底；而在亚热带地区，喇叭花会从春天陆续开到入冬前的 11 月份。

大名鼎鼎的变色龙堪称动物界的魔法师，有趣的是，喇叭花也会"变魔术"，它会在一年中不同的季节、一天中不同的时段变色！一个春天的清晨，我像往常一样急匆匆地走过立交桥下，不经意间发现一抹紫莹莹的色彩划过眼前，原来是星星点点的喇叭花。而在那天下午，再次急匆匆地走过桥下时，我想起早晨盛开的喇叭花，放眼寻去，星星点点的紫色变成了一簇一簇的嫩粉色。经过几个星期的观察，我发现喇叭花从一朵、两朵的零星开放到大片盛开，其颜色始终从紫色变成粉色，又从粉色变回紫色……唯独有一天，喇叭花打破了早上是紫色到下午变成粉色的规律。原来当天是阴天，喇叭花的颜色与天气状况相关！

喇叭花为什么会从早到晚发生不同的色彩变化呢？这是因为紫色的喇叭花在清晨开始进行光合作用，会消耗大量的二氧化碳，二氧化碳的减少会让体内液体的 pH 上升；而接近夜晚，喇叭花的光合作用减弱，呼吸作用开始增强，体内的二氧化碳增加，pH 会下降。恰恰喇叭花中的花青素对体内的 pH 有灵敏的反应，在 pH 较高的条件下（碱性），花瓣中的色素会呈现蓝紫色，而在 pH 较低条件下（酸性），花朵会呈现粉红色。

🐝 喇叭花从早到晚的花色变化

🐝 喇叭花在阴天的"妆容"未变化

　　自然界懂得变装之术的植物除喇叭花外，还有很多，如生长于亚热带地区的使君子。初开时，使君子是脱俗的象牙白色小花，清香纯洁；次日，花朵变成淡淡的粉红色，似羞色晕染，花瓣反向张开俯垂着；几天后，变成韵味十足的鲜红色。

　　使君子有长达 7 厘米的细长花管，谁会是它最中意的拜访者呢？除了有着长长口器的蝴蝶和飞蛾，还有身手矫健的蚂蚁。这些拜访者绝大多数拜访初开的白色花朵，鲜有拜访者出现在红色的使君子花朵上，这是因为初开的花才散发特有的清香，在开花后期，其花香分泌逐渐减弱。这也是使君子的"智慧"，已接受昆虫拜访后便不再浪费能量合成香气。此外，使君子开花期间变色也是为了区分新开的花和"年迈"的花，以便提示昆虫哪些花朵已经拜访过，哪些是尚未拜访的花，从而降低重复拜访率。

　　使君子是雌雄蕊异熟[①]植物，这种特征就是为了防止自花结实，也就是避免近亲繁殖导致后代品质不好。另外，变色后的花可以吸引不同的昆虫，如初开时的白色花吸引的大多是飞蛾，变成粉色、红色后，来拜访使君子的偶尔是蝴蝶，偶尔是蚂蚁，这样的策略可大大提高使君子这种自花不结实物种的结实率。

❀ 使君子

---

① 雌雄蕊异熟，又称雌雄异熟，是指同株植物或同朵花中雌蕊和雄蕊成熟时间不一致的现象，是避免自花传粉的一种适应。

植物的"骗术"

　　植物从低等到高等，从无花植物到有花植物，从无花蜜植物到有花蜜植物，然后又进化出一部分无花蜜却"处心积虑"的植物，如兰科植物。

　　我们熟悉的兰科植物约占全世界植物种类的10%，是植物界进化程度最高的家族之一，具有极高的文化、观赏、生态和药用价值，是科学研究的极好材料，也是我国拥有的珍贵的野生植物资源之一。

　　我们知道，昆虫来访是为了寻找花朵中的食物——花蜜或花粉，帮花儿传粉只是意外而已。然而，一朵花发育蜜腺是一件"代价昂贵"的事情，要消耗植物很多可观的能量，有时甚至付出种子不能全部成熟的代价。所以，一些植物想以较低的成本（如不产生花蜜）换取最大的收益（昆虫心甘情愿地传粉）。我们所公认的"花中君子"兰花就部分进化出这种本领。

　　事实上，近1/3的兰科植物依赖各种骗术吸引昆虫，是植物界声名远播的"骗子"。这些植物不为传粉昆虫提供任何形式的报酬，而通过精巧的花部结构设计和独特的香味模拟有花蜜报酬的花、雌性昆虫、昆虫栖息地或模拟大型真菌等，诱骗"天真"的昆虫为其传粉。欺骗性传粉在兰科植物的物种分化、多样性形成和演化中起着重要作用。

　　认识这些伎俩，需要了解兰科植物花的结构。它的基本结构包括花瓣、萼片、合蕊柱、子房及花柱。其中，合蕊柱是雌雄生殖器官相结合的器官，唇瓣是专门为昆虫准备的"迎宾台"。

现在，我们分别来例证这些骗术。

足茎毛兰，花朵为白色，不是很大，往往在春夏之交成片绽放。当足茎毛兰盛开时，白色的花瓣上呈现出非常艳丽的黄色斑块。在昆虫眼中，花朵上的黄色提供了花粉成熟可采食的信号！

整片的足茎毛兰花在耀眼的阳光下闪烁着金色的光芒，飞舞的蜜蜂误以为是美味的食物，欢快地"奔走相告"！不久，成群的蜜蜂纷纷降落在足茎毛兰唇瓣的黄色斑块上，但很快就发现那斑块并不是它所寻找的花粉或花蜜，于是会顺着唇瓣上的通道继续往里寻找食物。执着的蜜蜂不知道足茎毛兰整朵花都是无法提供食物的，当它们发现自己上当后不得不退出来，可是花的尺寸几乎就是为蜜蜂量身设计的，蜜蜂根本无法转身出来，只能顺着唇瓣与合蕊柱组成的通道原路倒退。此时，通道里面的花粉块通过粘盘紧紧粘在蜜蜂的背上。憨厚的蜜蜂在退出这朵花后仍不甘心，会继续在足茎毛兰的花丛中寻找食物。就这样，从一只蜜蜂到一群蜜蜂，从一朵花到一片花，很快，它们就帮这片足茎毛兰完成授粉的工作。

角蜂眉兰的"妆容"也妙不可言。眉兰属植物大多通过拟态手段吸引传粉者，受到吸引的昆虫有黄蜂、蜜蜂和蝇类等，甚至还有像蜘蛛这样的非昆虫，但每种眉兰都有特定的传粉者。每当春回大地，在地中海沿岸的草丛中，角蜂眉兰相继开出小巧而艳丽的花朵。角蜂眉兰三枚花瓣的中间一枚特化而成的唇瓣上分布着棕色的花纹，酷似一只雌性角蜂，还可以模仿雌性角蜂特有的气味，这让雄性角蜂毫无抵抗力。从蛹中钻出的雄性角蜂急于寻找配偶，看到角蜂眉兰，往往误以为眉兰的唇瓣是一只雌蜂，便迫不及待地落在眉兰的"唇瓣"上。于是，角蜂眉兰唇瓣上方伸出的合蕊柱中的花粉块便顺其自然地粘在了雄蜂的头上。当这只求偶心切的雄蜂被另一朵眉兰再次欺骗时，正好把花粉块送到了另一朵角蜂眉兰的柱头，帮助角蜂眉兰完成传粉任务。

蕙兰依靠浓郁的花香和唇瓣上的斑点吸引蜜蜂。花香不怕山高，非蕙兰莫属，因为蕙兰花香之深，常常还未见其花，已经早闻其香。蕙兰的花香成分主要是乙酸乙酯成分，对蜂类有强烈的吸引力，当蜜蜂闻香而来，看到唇瓣上的斑点时，误以为是食物，就迫不及待地冲过去了。

🐝 幽香的蕙兰

巴拉望兜兰是发现于菲律宾西部巴拉望岛的兰花，这里有数千个小岛仍保持原始的自然生态，巴拉望兜兰背萼造型像爱心，其上有纤细的花纹，两片侧萼被有黑色颗粒状物，类似昆虫幼虫的食物，过往的昆虫往往把这些标志误认为是幼虫的食物，就冲过来，结果侧萼太光滑，便顺势来到花蕊处，很容易就滑到花蕊下部的兜里，兜的四壁非常光滑，只有最后部的合蕊处比较粗糙，昆虫只能沿着那里爬到兜外，结果就把那里的花粉块带了出来。

🌺 巴拉望兜兰

　　除此以外，还有一些兰花造型更加奇特，如西藏虎头兰，花萼和唇瓣上都是斑点，远远一望，昆虫以为是饕餮盛宴。况且这些花朵的唇瓣多毛，一旦有带有花粉的昆虫来访，花粉一个也丢不了。而齿蛛兰，外形酷似蜘蛛，黑色和黄色搭配的花色似乎不怎么鲜艳，但黑色花瓣中间是黄色的花心，会显得格外醒目。

　　我们可能会有疑问，兰花大行其道的骗术真能一直有效吗？按照植物和昆虫相互促进的进化原则，兰花的拜访者一定会越来越少，总是被欺骗，昆虫也会进化出识别骗术的技巧吧？事实的确如此，不过自然界只有 1/3 的兰花是无花蜜的，而 2/3 是有花蜜的。兰花的进化就是从有花蜜到部分无花蜜，然后一部分无花蜜的兰花又逐渐再次进化出蜜腺。兰科植物中有很多种类，如蕙兰、建兰、寒兰、春剑等，都在花茎基部有具甜味的分泌物——兰膏，也就是说，有些兰花是有"报酬"的。

🌸 西藏虎头兰

🌸 齿蛛兰

通过分子系统学研究发现，在进化历程中，既有从有花蜜变成无花蜜的种类，也有从无花蜜再度变成提供花蜜的种类。事实上，拟态的兰花结实率都很低，一般在 10% 左右，杓兰只有 2% 的结实率，而 90%～98% 的花都算是无效的花，仅仅为了用"花海战术"吸引昆虫实现繁殖，这个代价未免也太大了！和进化出蜜腺的开花植物相比，究竟哪种更高效、节能？植物学家还需要通过大量的模拟运算才能揭晓答案，而花儿则需要在漫长的进化道路上去自行体会。

第4章

微观世界下的花与蜜蜂

花瓣的电子显微结构

对一朵花来说，花瓣中的表皮细胞至关重要，它既感受阳光、雨露等环境因素，又给传粉昆虫提供视觉、触觉线索。大多数被子植物花瓣的表皮细胞是由圆锥形或乳突状细胞组成的，占总细胞的 75%～80%。圆锥形花瓣细胞在总体大小上差异很大，不同物种的细胞直径能达到 10 倍的差异，常见的基础形态是六角形，也可以更加圆润，不规则或像变形虫的样子，甚至拉伸成矩形，如非洲菊的小花表皮细胞。圆锥形花瓣细胞也有缓和的透镜形状，还有几乎像头发一样直立着的。这些细胞的表面结构也多种多样，可能是光滑的，也可能是被一层蜡质包裹着的；可以成直线排列，也可以从锥顶高处向外辐射。

这些千姿百态的圆锥形表皮细胞在叶片或植物的其他部位表面很少见，所以，圆锥细胞往往被认为是花瓣的"身份"特征，用来区别花瓣和其他花器官同源转化的标记。近几年，研究人员又公布了许多有趣的研究成果，刷新了这类细胞的存在价值：他们发现圆锥细胞的各种特征直接影响花瓣的颜色、香气的产生及花瓣的湿润程度等，因而在花瓣吸引传粉者的过程中起到至关重要的作用。

一些植物学家研究了花形态中花瓣圆锥细胞对成功繁殖和传粉昆虫行为的影响，以此来解释为什么被子植物具有典型的圆锥形花瓣表皮细胞。

1996 年，一些植物学家发现了金鱼草的混合突变株出现，这

个突变体的调控圆锥细胞伸出功能的基因失去作用，结果这株金
鱼草的圆锥细胞发生伸出功能障碍。两年后，植物学家又发现，
发生圆锥细胞伸出功能障碍的金鱼草花朵被传粉昆虫识别的概率
大大降低。

究竟是什么原因导致这种结果呢？

相关研究表明，圆锥细胞像一个棱镜，可以把花瓣表皮细胞
吸收的光线聚合到细胞的液泡中。液泡中含有大量的花青素，摄
入的光线不仅大大增加了花瓣色彩的饱和度；同时，由于比平滑
细胞更均匀地分散叶肉细胞反射光，又能让花瓣产生明亮又柔软
的质地效果。在 2007 年，研究人员发现了金鱼草野生型和突变型
基因分别对花色的影响，这一影响可以被传粉的大黄蜂感知到。
科学家猜测，大黄蜂能感知花色变化的原因之一是圆锥细胞可以
吸收更多的直射阳光，有时候会更温暖，对传粉昆虫是一种报酬，
如大黄蜂会选择更温暖的食物。另一个可能的原因是圆锥细胞提
供较大的表面积接触传粉昆虫，因为有证据表明，目标花的大小
对吸引昆虫具有显著的作用，大花比小花更易被昆虫感知。

植物学家对牡丹的研究表明，带斑的牡丹可以大大提高蜜蜂
的访问率，证明色斑可以吸引蜂类前来访问和传粉。接着，科学
家对花瓣有斑和无斑的部分上表皮细胞进行扫描电镜分析，发现
花瓣上表皮细胞存在很大差异，斑部上表皮细胞多为矩形或不规
则六边形；而无斑部细胞为纺锤形。不同的细胞组成可能对花瓣
中光谱反射率有显著的影响。

花色也受到花瓣表面纳米结构的影响。花的纳米结构有不同
的基本重复单元，导致其颜色或光晕不一样。阳光照在这种纳米

有斑

无斑

🌸 牡丹花瓣上表皮细胞斑和无斑显微电镜结构及被蜜蜂发现的牡丹花粉食物

结构上，会有特定波长的光被反射，纳米结构中基本单元的间隔和大小决定了反射光的颜色。因为纳米结构典型的尺寸有利于蓝光分散，也是产生彩虹光的基础，能产生分散的光信号，有时这在一些特定条件或照明角度下能更好地被观察到。当阳光以一定的角度照在花瓣上，不规则结构能产生蓝光环，这种光环看起来似乎融入到花的基色中（人眼在深色花瓣上能看到）。蓝光环能在不同颜色花中产生，蜜蜂对蓝光环界定的光谱范围敏感。2017年，科学家对许多物种的花的纳米结构进行了分析，通过蜜蜂行为实验，测量觅食速度和访花次数，发现蜜蜂受蓝光环花的强烈吸引。后来，研究者进一步检测了花瓣纳米结构产生的 3 种不同基色花中，蓝光环对蜜蜂具有吸引力，但并不能提高蜜蜂对蓝色花的觅食速度。相比之下，能提高蜜蜂对黄色和黑色花的觅食速度。其中，芍药花瓣也存在这样的结构。这一发现发表在 2017 年的 *Nature* 杂志上。

毛茛科大叶铁线莲中存在条纹光栅结构

这种纳米结构其实就是花瓣上表皮细胞角质层上大致平行的褶皱或条纹形成的类光栅结构，这种结构在很多植物中存在，如野西瓜苗的花红斑处花瓣近似于衍射光栅，能产生微弱的彩虹光信号，蜜蜂能以这种彩虹光信号为线索确定蜜源（这一发现发表在 2009 年的 *Science* 杂志上）。其实，很多野生蜂对蓝色有着天然的偏爱，这可能与观察到的紫/蓝花通常能产生相对更高含量的蜂蜜有关。然而，花瓣中很难形成蓝色色素，但花可采用复杂的机制产生蓝光信号，通过提高液泡 pH 或产生金属与色素的络合物使花青素发生蓝移。大多数被子植物缺乏这些能调控色素的遗传和生化能力的方式，不规则光子结构在花瓣中的出现能提供产生蓝色信号的另一种方式。

野西瓜苗的花

花朵周围的微电场

在每朵花周围都有一个神奇的微电场，这种电场来源于地面和大气中不平衡的电荷，加上花朵的形态，以及和地面的距离不同，每朵花就拥有了一个不一样的电场。也就是说，当蜜蜂飞来时，每朵花都在"暗送秋波"，那么哪只蜜蜂能感知到这独特的信号呢？

事实上，科学家发现，花朵"引诱"昆虫的秘密武器竟然就是微电场！蜜蜂不仅会通过花色和气味辨认花朵，更会在短时间内分辨出花朵的电场，从而找到自己的"如意花"。

为了探究微电场对蜜蜂的吸引，英国一位科学家制造了一些假花，在花色和花香上与真花相似，只是一些花心里粘着甜的蔗糖，另一些粘着苦的奎宁①。一开始，蜜蜂"拜访"这些假花的频次是一样的，但当给粘糖的假花施加 30 伏的静电之后，科学家发现蜜蜂能在几厘米之外感觉到静电，拜访率提高到 81%，但电场一撤去，拜访率就直线下降，这说明蜜蜂拜访率的提高与静电场吸引有关。

接下来，科学家还研究了电荷分布对蜜蜂产生的影响。研究者让假花拥有同样多的静电荷，但分布并不相同。观察发现，比起电荷均匀分布的花朵，蜜蜂更偏爱那些电荷分布在花瓣边缘的花朵。

---

① 奎宁是从茜草科植物金鸡纳树皮中分离得到的喹啉类生物碱，具有抗疟作用。

研究还表明，蜜蜂在拜访花朵的过程中，身上带的部分正电荷与花朵上的负电荷中和，所以随着花朵被拜访的次数越多，其所带电荷就越少，静电场也就越弱。这就相当于给前来拜访的蜜蜂发出信号：花蜜已经不多了，不要再来啦！蜜蜂通过感知静电的强弱，及时了解一朵花是否还有停留的必要，所以可以说静电是花朵"掌控"昆虫的秘密武器。

　　蜜蜂识别花色有复眼，辨别气味有触角，那感应电场靠什么呢？科学家利用激光多普勒测振仪检测到蜜蜂能够感应到微电场依靠的是布满全身的体毛。他们发现用激光碰撞蜜蜂身体时，它的体毛和触须都会发生振动，但绒毛的中线位移、角位移和速率更大，这表明绒毛对电场更加敏感。同时，研究人员还对蜜蜂的体毛和触须进行电录音，来查看它们各自的运动是否产生了神经活动。答案是只有体毛运动触发了神经响应，体毛弯曲会导致蜜蜂体毛基部的神经元被激活，从而让这种昆虫"感应到"磁场。这些发现引出一个结论：蜜蜂的体毛与触角相比，也许是更有效的传感器。这些布满全身的体毛构成一张电感受网，就像人类在头发上摩擦气球产生静电后，可以感觉到头发被拉动一样。

　　这种电场仅能够在距离花朵 10 厘米左右时被一些昆虫感应到，因此，我们人类或其他大型动物并不会被电到。但对于蜜蜂来说，这一距离代表了它们体长的若干倍，是相对较远的距离。电场不仅可以帮助蜜蜂识别花朵，还能帮它带走"美食"，因为蜜蜂拍打翅膀使自身产生正电荷，而花粉带的是负电荷，正负中和，花粉就牢牢地粘在了蜜蜂的绒毛上了。

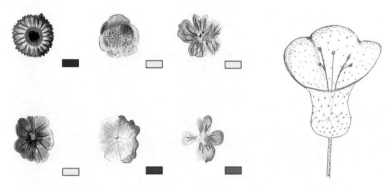

左图：用带静电的彩色粉末喷涂花朵（图中花朵的右侧部分），粉末的密度显示了花朵表面的电场强度变化；右图：蜜蜂的电感受仿真研究中使用的花朵的几何模型图片

　　电感受通常是水生动物才具备的能力，如鲨鱼、海豚及一些陆生动物，包括鸭嘴兽和针鼹，但它们需要潮湿的环境来传导信号。蜘蛛也有明显的电感受能力，它的网布满了用来感受声波的细小绒毛，这些绒毛可能同样被用于探测电场或它们的猎物。随着研究的不断深入，我们可以超越肉眼的限制，深入探索更多的自然奥秘。

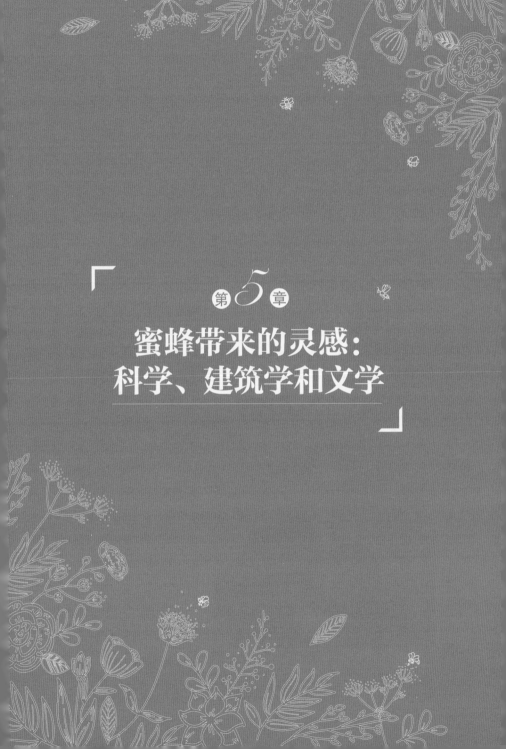

第5章

蜜蜂带来的灵感：
科学、建筑学和文学

小小的蜜蜂是地球众多生命中的一种，却与我们人类的生产、生活息息相关。我们的祖先很早就懂得欣赏其他生命之美，感谢其他共存于同一家园的生灵，并懂得回馈它们。比如，用一首首美妙的诗句来赞美蜜蜂这种精灵，用一幅幅流传千古的图画歌颂它们，并写下一个个动人的故事。

蜜蜂与诺贝尔奖

诺贝尔奖举世闻名，获得诺贝尔科学类奖项殊荣的必是对人类科技发展作出巨大贡献者。你能想到吗，有关小小的蜜蜂行为研究也能获此大奖。早在 20 世纪 20 年代，德国动物学家、行为生态学创始人卡尔·冯·弗里希研究蜜蜂的行为和感觉能力，发现了蜜蜂的"舞蹈语言"。1949 年，他又发现蜜蜂能感知偏振光，可借助太阳辨认方位。这些成果虽然只用短短几句话就能描述，却花费了这位动物学家数十年的时间和精力，让我们一同来看看弗里希先生是如何研究蜜蜂行为的吧！

卡尔·冯·弗里希

起初，这位动物学家做了一项实验，让一只工蜂在一个装有糖水的平碟中采集糖水，然后对这只工蜂做标记，等标记工蜂返回蜂巢后再次出巢时，抓住标记工蜂，不让标记工蜂去采集。但弗里希发现其他蜜蜂仍会飞往平碟采集糖水，显然被标记过的工蜂回到蜂巢后，将相关的食物信息告知了同伴。他之后用相似的方法证实，大批工蜂出巢采蜜前，会先派出"侦察蜂"去寻找蜜源。这些"侦察蜂"一旦发现有利的采蜜地点或新的优质蜜源植物，就会变成采集蜂，并飞回蜂巢跳圆圈舞或"8"字形舞蹈来指出食物的所在地。更妙的是，这些蜜蜂用舞蹈的速度表示蜂巢到蜜源之间的距离，还以附在身上的花粉味道告诉同伴发现的食物有多少种类。获知这些消息后，蜂群便一起去采蜜。

1923 年，弗里希在实验中进一步发现，当"侦察蜂"找到距蜂箱 100 米以内的蜜源时，即回巢报信，除留有追踪信息外，还在蜂巢上交替性地向左或向右转着小圆圈，以"圆舞"的方式运动。这样的舞蹈可以连续几分钟，然后又到蜂巢的其他部分旋转，最后从出口飞出，其他蜜蜂跟随而去，到预定的地点去采蜜。如果蜜源在距蜂箱百米以外，"侦察蜂"便改变舞姿，呈"∞"形，所以也叫"8 字舞"或"摆尾舞"。蜜蜂先转半个小圈，急转回身又从原地一点向另一个方向转半个小圈，舞步为"8"字形旋转，同时不断摇动腰部。具体距离与舞蹈的圈数有关，据观测数据显示，如果每分钟转 28 圈，表示蜜源在 270 米处；如果仅转 9 圈时，蜜源则在 2700 米的地方，信息很准确，误差极小。

紫草科药用牛舌草与蜜蜂

　　接下来的问题是，当路程确定以后，蜜蜂应向哪个方向飞行呢？观察发现，蜜蜂利用日光的位置来确定方向。如果蜜蜂在跳舞时，头朝着太阳，表示蜜源在太阳的方向；如果头向下垂，背着太阳，表示蜜源与太阳的方向相反。如果蜜蜂的头部与太阳的方向偏左形成一定的角度，表示蜜源在太阳的左侧有相应的夹角，如此往复旋转，方向准确无误。传递信息的蜜蜂在跳舞时，会激发周围许多蜜蜂都随着前者起舞，由于舞蹈的队伍不断扩大，会使更多的蜜蜂得到蜜源信息。更加有趣的是，世界各地不同品种的蜜蜂并非都使用相同的舞蹈语言，如意大利蜂会跳圆圈舞、"8"字形摇摆舞和镰刀舞，奥地利蜂只跳"8"字形摇摆舞，它们之间无法进行舞蹈语言的沟通。

　　弗里希先生获得这些蜜蜂的行为信息是经过长年不断地试验总结得出的。在1967年，弗里希先生把他的研究结果总结到《蜜蜂的舞蹈语言和定向》一书中。1973年，他与奥地利的动物习性学创始人康拉德·洛伦兹和荷兰裔英国动物学家尼古拉斯·廷伯根共同获得诺贝尔生理学或医学奖。

蜂巢与建筑

了解了蜜蜂的种种奇妙行为，我们再来探索一下蜜蜂还有哪些值得学习的特点，一起到蜜蜂的"家"中去看一看吧！

蜜蜂的"家"叫作蜂巢，由许多六边形的小巢构成，这种小巢就是巢脾[①]。巢脾排列非常整齐，有人曾进行过仔细测量，发现这种六边形的小巢，每个角都是规则的钝角，体积几乎都是 0.25 立方厘米。蜂巢底部不是平的，是由三块菱形拼成的，菱形的钝角为 109°28′、锐角为 70°32′，这种设计用了最少的蜂蜡却呈现出最宽敞的蜂房。蜂巢口部朝下，底部向上，各巢脾在蜂巢内的空间相互平行悬挂，与地面垂直，巢脾间距为 7～10 毫米，叫作蜂路。每个巢脾由数千个巢房连在一起组成，是工蜂用蜂蜡建造的。

按照建筑原理来看，蜂巢设计非常合理，占地面积小，结构牢固，节省建筑材料。在自然界，很少有哪一种动物（包括人类的房屋）能与蜂巢媲美。人类的房屋花样再多其本质还是一些积木式的方块构造，燕窝也只是泥团堆成的碗状物，而蜂巢这种精巧的结构很早就引起人们的关注。马克思曾经说："蜜蜂建筑蜂房的本领使人间的许多建筑师感到惭愧。"这种结构几乎是严格按照建筑规程建造的，甚至古希腊大数学家欧几里德都能从中学到很多东西，蜜蜂可以称得上是天才的数学家和设计师。现代建筑大

---

① 蜜蜂的巢是用蜡板来造的，数张板状物从蜂箱上部垂到下面，其两面排列着整齐的六角形蜂房，称之为巢脾。

🐝 蜂巢

师弗兰克·劳埃德·赖特等非常热衷于六边形格子图案，甚至以
色列的莫西·萨弗蒂就是因为着迷于蜂巢的结构造型而成为建筑
师的。有日本设计师为数百栋校舍进行设计，全部采用蜂巢形。
蜂巢形建筑最大的优点就是节省建筑材料并具有超强的建筑结构
强度，特别是在自然资源日趋紧张的压力下，蜂巢形设计的利用
也体现了人与自然和谐相处的缩影。新西兰国会大厦外形就是模
仿蜂巢，以适应新西兰这样的多地震国家，现在已经成为新西兰

的地标性建筑之一。除此以外，这种蜂巢结构还被用于飞机的机翼及人造卫星的机壁，既提高了机翼的强度，又能减轻结构重量。蜜蜂仅用简易材料就能达到这种经久耐用的效果，实在是令人匪夷所思。

　　蜜蜂真是神奇的动物，即便采集花粉和花蜜，也不会伤害植物，反而这也是植物求之不得的，蜜蜂完全依靠自己的"智慧"生产世界上独特的食物，供人类和其他动物食用。蜜蜂虽小，我觉得它配得上"自然之灵"的称号。

蜂蜜与蜜源植物

蜜蜂能生产人类喜欢的食物，如美味的蜂蜜、药食同源的蜂胶、蜂王浆等。人类为了获取这些美味的食物，甚至不惜遭受蜜蜂叮蜇之痛而专门饲养蜜蜂。

远古人类可能在一个偶然的机会中发现空心树、木头或山洞中的蜂巢，品尝到了"甜蜜蜜"的味道，然后就开始想方设法地获得这种美味的甜食。蜜蜂和人类的关系自此发生了根本性的变化。

古人很早就意识到蜂蜜的价值，人类最早尝试养蜂的活动出现在公元前 5000 年左右。在古埃及第五王朝（约公元前 2600 年）的乌塞尔法老所建造的太阳神庙出土的浮雕上描绘了当时养蜂的情景，表明那时养蜂已成为一种职业。古希腊人认为，蜂蜜是众神所食的"特别的生命液体"。公元前 4 世纪的古希腊哲学家亚里士多德是著名的蜜蜂研究者，他在著作《动物志》中推崇"蜂蜜乃从天而降之甘露，尤以繁星升空、彩虹横渡之时，彼甘露亦增"。

据文献记载，我国养蜂至少有两千余年的历史。已知最早的中药学著作——《神农本草经》已将石蜜、蜂子、蜜蜡列为医药"上品"，指出蜂蜜有"除百病、和百药"的作用，若"久服（蜂子）令人光泽好，颜色不老"。

我们先来看一看蜂蜜是怎么形成的。

花蜜是植物的花内器官蜜腺所分泌的，主要是含有各种糖类

的水溶液，糖分主要以蔗糖、葡萄糖和果糖为主，水分含量在40%以上，此外，还含有甘露醇、蛋白质、有机酸、维生素、矿物质、色素及芳香类物质等。花蜜的分泌量因植物种类的不同而差别很大。例如，一朵大叶桉花每天可分泌76.3毫克的花蜜；椴树花属于中等泌蜜量，每天分泌花蜜约11.54毫克；而一朵草木犀花每天仅分泌0.16毫克花蜜。由于自然界有大量花朵存在，所以总的泌蜜量十分可观。

工蜂从植物的花中采取含水量约为40%～75%的花蜜，存入自己第二个胃中，在体内多种酶的转化作用之后，存贮到巢中，再用分泌的蜂蜡密封在每只工蜂自己的巢脾里。经过15天左右反复酿酿，将各种维生素、矿物质和氨基酸丰富到一定数值，同时把花蜜中的多糖转变成我们人体可直接吸收的单糖，如葡萄糖、果糖等。此时，封存在蜂蜡中的"准蜂蜜"的水分含量已经低于23%，我们就可以采集成熟的蜂蜜了。所以蜂蜜是蜜蜂从开花植物的花中采得的花蜜，在蜂巢中经过充分酿造而成的天然甜物质。蜂蜜由于来自不同植物花朵的花蜜，所以蜂蜜的味道有着不同的清香，有的淡雅，有的浓郁，味道甜美，营养丰富独特。

蜜蜂采集花粉、花蜜回到蜂巢后，经过进一步加工成蜂粮，贮存在巢脾里，用来供养蜂王、哺育幼虫，甚至连工蜂分泌王浆^①都需要食用大量的花粉。花粉是蜂群获取蛋白质的主要来源。

人工养殖蜜蜂大多是为了产蜜，而蜜蜂酿蜜自然离不开蜜源植物。

什么是蜜源植物？顾名思义，可以向采蜜昆虫提供花蜜的植物就是蜜源植物，正因为蜜源植物的多样性，我们才可以品尝到不同口味的蜂蜜，像大家比较喜爱的有槐花蜜、荆条蜜、枣花蜜、枸杞蜜、枇杷蜜、荔枝蜜、龙眼蜜等。

蜜源植物可以根据四季分类，春季蜜源植物主要集中在长江以南，兼有夏、秋、冬季蜜源植物；夏季蜜源植物主要集中在长江以北、长城以南。长城以北包括我国东北、西北和内蒙古等地区，以秋季蜜源植物为最多。在我国南方地区，如福建、广东、云南等地，四季温暖如春，在早春一二月份就陆续进入蜜源植物的花期，之后，随着季节的转换花期逐渐北移，到晚秋时节，最北部的蜜源植物花期结束为止，花期又重返南方的冬季蜜源植物。根据植物生长的地理位置，形成的一般规律是温带植物比热带植物的花期长。生长在温带的植物，在春天开花的植物比在夏天开花的植物的花期长；位于高海拔地区的植物比低海拔植物花期要长。

---

① 王浆是工蜂咽下腺（即王浆腺）产生的一种液体营养物，用以饲喂幼龄幼虫、蜂王幼虫及蜂王。

🐝 猩猩草

　　蜜源植物除了开花时节差异，还有花量大小的差异。在植物个体和居群（种群）水平上发现，不同植物有不同的开花式样，一是植株在较短时间内（一周或不到一周）每天开大量的花，即大量开花，如豆科植物和藜科植物白梭梭就在短时间内全部开花；二是植株在较长时间内每天都开少量的花，即稳定开花，如金缕梅科植物长柄双花木，花期持续 2 个月之久；三是植株每隔特定的天数开少或大量的花，即间断开花，如豆科植物就是这种形式。

🐝 山韭

　　根据植物本身的特性，一般而言，草本植物的单花花期长于灌木，而灌木的花期则长于乔木。根据传粉媒介来看，一般是风媒传粉植物比动物传粉植物的花期短。这样四季周而复始的蜜源植物花期给天南海北的蜜蜂提供了充足的蜜源。我国地域辽阔，在我国90%的气候区都有不同程度的蜜源植物分布。

　　在食物链上，植物相对处于下游，动物处于上游，动物以植物为食。然而，从另一个角度来看，植物对动物的依赖程度也很

高，所有开花植物中绝大多数的物种需要动物作为授粉媒介。对
人类而言，全球 3/4 以上主要粮食作物在一定程度上依赖动物授粉
以保证产量或质量。可见异花传粉与我们的生活也是息息相关的。

长隔木

　　在蜜源植物中，还有少数种类的花蜜或花粉对蜜蜂或人有毒，
称有毒蜜（粉）源植物。蜜蜂采食有毒花蜜或花粉，会导致成蜂、
幼虫和蜂王发病、致残或死亡。蜜蜂中毒常常是在有毒植物生长
集中、开花量大、天气干旱、气温较高，或者蜜（粉）源植物稀
少的条件下发生的。

蜜蜂与诗歌

我们的古人喜欢以诗明志、咏怀，蜜蜂也曾无数次地引起古人的诗兴，留下不少千古名句。唐代诗人李商隐、宋代文学家柳永等人都曾因格外欣赏蜜蜂的品行而创作诗句，给蜜蜂赋予精灵般的个性，我们在此略举一二。

咏蜂

［唐］罗隐

不论平地与山尖，无限风光尽被占。

采得百花成蜜后，为谁辛苦为谁甜。

🐝 唐松草

二月二日

[唐] 李商隐

二月二日江上行，东风日暖闻吹笙。

花须柳眼各无赖，紫蝶黄蜂俱有情。

万里忆归元亮井，三年从事亚夫营。

新滩莫悟游人意，更作风檐夜雨声。

旋覆花

咏蜂

［宋］姚勉

百花头上选群芳，收拾香腴入洞房。

但得蜜成甘众口，一身虽苦又何妨。

🐝 菊科植物

蜂儿诗

〔宋〕杨万里

蜂儿不食人间仓，玉露为酒花为粮。

作蜜不忙采蜜忙，蜜成又带百花香。

🐝 蓝猪耳

红窗迥·小园东

[宋] 柳永

小园东，花共柳。红紫又一齐开了。

引将蜂蝶燕和莺，成阵价、忙忙走。

花心偏向蜂儿有。莺共燕、吃他拖逗。

蜂儿却入、花里藏身，

胡蝶儿、你且退后。

云南蓍

也有许多文人、学者感悟蜜蜂的辛劳之苦，悲悯恻隐之心油然而生。例如，《西游记》的作者吴承恩、明代诗人王锦、王欣等看到蜜蜂的辛劳联想到自己的处境，不由赋诗。

咏蜂

[明] 吴承恩

穿花度柳飞如箭，粘絮寻香似落星。

小小微躯能负重，嚣嚣薄翅会乘风。

🐝 水蔓菁

咏蜂

[明] 王锦

纷纷穿飞万花间，终生未得半日闲。

世人都夸蜜味好，釜底添薪有谁怜。

🐝 油菜花

咏蜂

［明］王欣

采酿春忙小蜜蜂，何消振翅蛰邻童。

应愁百卉花时尽，最恨烧烟取蜡翁。

雏菊

结　语

　　由于大片农田被过度开垦、大片草原因过度放牧而退化、农村城镇化等，使得生态结构发生一些变化。可爱的花仿佛王冠上镶嵌的珠宝，种类丰富的花粉和花蜜供养着蜜蜂、蝴蝶和其他传粉动物。若漫山遍野的野花少了，飞舞的蜜蜂、蝴蝶也便少了。到那时，"蜂在丛中飞，花在丛中笑"就会变得难以见到。

❀ 万寿菊

有研究者认为，适应人类食物需要的现代农业已经使我们失去了98%富含野花的土地。若这种说法属实，那背后可能隐藏着另一个可怕的事实——蜜蜂、蝴蝶等传粉昆虫可能因花儿消失而面临灭绝的危险！我们应该能想象到，蜜蜂和其他传粉昆虫的衰落与野花生境的丧失有直接关系。大自然中有几百种蜜蜂，不同种类的蜜蜂执行不同的传粉任务，这些工作并非依靠一两种蜜蜂就能完成。而蜜蜂群体的健康、繁盛，需要不同种的花来支持，各种不同的花为蜜蜂提供不同种类的营养，正如人类每天只吃一种食物会变得缺少维生素、矿物质等营养元素，蜜蜂也会因食物短缺而营养不良。

蜜蜂等传粉昆虫需要许多不同种类的花粉和花蜜的营养来构建其免疫系统。没有多样性的花为食，蜜蜂群体就会变得衰弱，抵抗力也会变低。如果蜜蜂消失了，我们喜爱的许多食物也会随之消失。若我们出于对植物的无知，而缺少对植物的珍视，最终将会使自己处于不利境地，如果我们将物种多样性与花的多样性联系在一起，就有助于形成良性循环，既保护了物种，也使人类受益。

我们为蜜蜂创建良好的栖息地，帮助它们提升群体数量，也方便它们为农作物传粉。对欧洲某些地区的调查发现，9%的蜜蜂和蝴蝶濒临灭绝，要保护人类的粮食安全，传粉动物的作用至关重要。影响传粉动物的因素是多元的，其中，栖息地的破坏和退化是一个重要原因。有些传粉动物可以对任何一种植物进行传粉，但另有一些传粉动物只对特定的植物传粉。因此，大自然保持植物多样性将有利于吸引多种传粉动物。土地不当开发和植物

荷花

多样性的减少就会造成严重问题。集约型农业只种植少数几种农作物，也是导致传粉动物减少的原因之一。另外，杀虫剂的使用也被证明在一定程度上对环境是有害的，有些政府曾制定了一项政策，名为"保护蜜蜂和其他授粉动物健康的国家策略"，呼吁就杀虫剂对传粉昆虫的影响加强监管。

2020 年 6 月下旬，美国俄勒冈州发生了 5 万只大黄蜂因杀虫剂中毒死亡一事。为此俄勒冈州对 18 种杀虫剂采取了禁用 180 天的措施。6 月最后一个星期也被美国人定为"全国传粉昆虫周"，呼吁为蜜蜂等昆虫种植更多它们喜欢的花儿，就是对传粉昆虫的支持和帮助，也是对我们自己的帮助。其实在 2016 年，联合国就发表了第一份全球性的授粉动物评估报告，指出栖息地破坏和杀虫剂是对授粉动物造成威胁的主要元凶。另外，气候变化也成为影响昆虫正常生活的问题之一。

如果世界上没有这些可爱的昆虫，我们也就不会得到那么多优良作物。没有昆虫的帮助，生物链就会断裂，所以每个人都应尽一点力量帮助蜜蜂和蝴蝶这样的有益昆虫。因此，我们要珍视周围的环境，保护物种的多样性，才能维护人与自然的和谐相处，才能建立人类命运共同体。

普·黄芩

猫尾草

梭鱼草

紫藤